职业技能等级认定培训教材

职业培训包教材资源

无人机驾驶员

（初级）

中国民航飞行员协会　组织编写

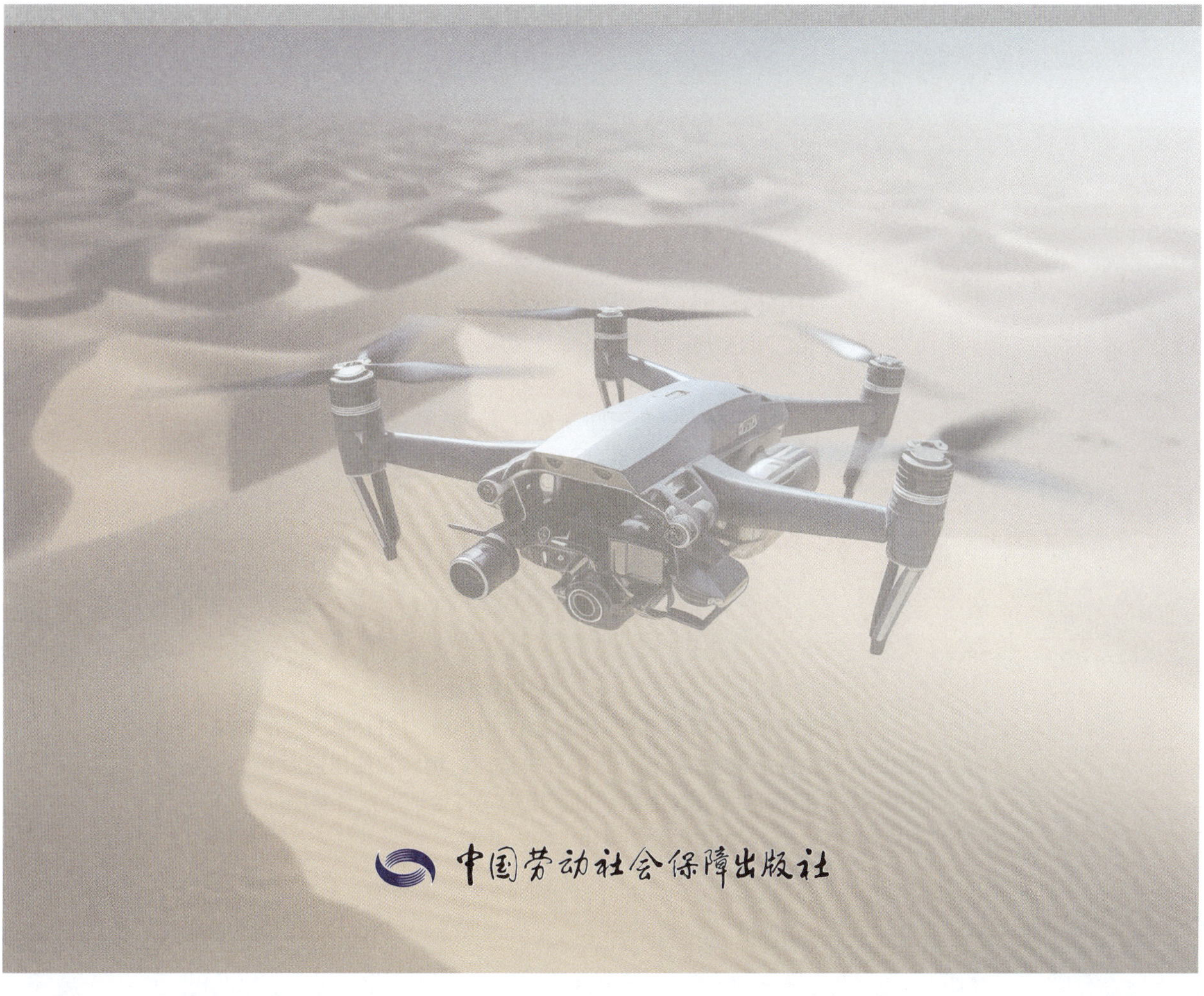

中国劳动社会保障出版社

图书在版编目（CIP）数据

无人机驾驶员：初级 / 中国民航飞行员协会组织编写 . -- 北京：中国劳动社会保障出版社，2024

职业技能等级认定培训教材　职业培训包教材资源

ISBN 978-7-5167-6038-3

Ⅰ.①无… Ⅱ.①中… Ⅲ.①无人驾驶飞机-驾驶术-职业培训-教材 Ⅳ.①V279

中国国家版本馆 CIP 数据核字（2024）第 019187 号

中国劳动社会保障出版社出版发行

（北京市惠新东街 1 号　邮政编码：100029）

＊

北京宏伟双华印刷有限公司印刷装订　　新华书店经销

787 毫米 ×1092 毫米　16 开本　9.25 印张　147 千字

2024 年 3 月第 1 版　　2025 年 8 月第 5 次印刷

定价：45.00 元

营销中心电话：400–606–6496

出版社网址：http://www.class.com.cn

版权专有　　侵权必究

如有印装差错，请与本社联系调换：（010）81211666

我社将与版权执法机关配合，大力打击盗印、销售和使用盗版图书活动，敬请广大读者协助举报，经查实将给予举报者奖励。

举报电话：（010）64954652

编审委员会

主　任：王英勋　柯玉宝
副主任：孙　毅　段志勇　王夏峥
委　员（按姓氏笔画排序）：
　　　　王汉清　冯　秀　孙　烨　孙芳芳　苏　丹　杨　格　何　宁　狄　文
　　　　沙　飞　张　力　张　娜　张鹏高　孟雅妮　郝　琦　秦艺雯　梁文广
　　　　梁　峰

本书编审人员

主　编：梁　峰
编　者：王英勋　孙　毅　柯玉宝　冯文肖　段志勇　王夏峥　郝　琦
　　　　孙　烨　孟雅妮　何　宁　张　力　孙芳芳　梁文广
主　审：杨　格　张　娜

前　言

为加快建立劳动者终身职业技能培训制度，全面推行职业技能等级制度，推进技能人才评价制度改革，促进职业培训包制度与职业技能等级认定制度的有效衔接，进一步规范培训管理，提高培训质量，中国民航飞行员协会组织有关专家在《无人机驾驶员国家职业技能标准（2021年版）》（以下简称《标准》）和职业培训包（以下简称培训包）的基础上，编写了无人机驾驶员职业技能等级认定培训教材（以下简称等级教材）。

无人机驾驶员等级教材紧贴《标准》和培训包要求编写，内容上突出职业能力优先的编写原则，结构上按照职业功能模块分级别编写。该等级教材包括《无人机驾驶员（基础知识）》《无人机驾驶员（初级）》《无人机驾驶员（中级）》《无人机驾驶员（高级）》4本。《无人机驾驶员（基础知识）》是各级别无人机驾驶员均需掌握的基础知识，其他各级别教材内容分别包括各级别无人机驾驶员应掌握的理论知识和操作技能。

本书是职业技能等级认定推荐教材，也是职业技能等级认定题库开发的重要依据，已纳入职业培训包教材资源，适用于职业技能等级认定培训和中短期职业技能培训。

本书在编写过程中得到中国民航飞行员协会、中飞翼航（北京）航空科技有限公司、北京优云智翔航空科技有限公司、黑龙江科技大学、山东电子职业技术学院、南京科技职业学院、广东能飞航空科技发展有限公司、北京北航天宇长鹰无人机科技有限公司、北京享飞就飞航空俱乐部有限公司、昆明得一航空科技有限公司、黑龙江科大格羿创新科技有限公司、山东御航智能科技有限公司等单位的大力支持与协助，在此一并表示衷心感谢。

中国民航飞行员协会

目 录 CONTENTS

职业模块 1　飞行准备 ·· 1

　培训课程 1　预先准备 ·· 3

　　学习单元 1　勘察飞行环境 ·· 3

　　学习单元 2　制订与申报飞行计划 ·· 20

　培训课程 2　直接准备 ·· 28

　　学习单元　展开无人机系统及飞行前检查 ·· 28

职业模块 2　飞行实施 ··· 69

　培训课程 1　GPS 模式下飞行稳定控制 ·· 71

　　学习单元　模拟飞行 ·· 71

　培训课程 2　GPS 模式下简易航线飞行 ·· 98

　　学习单元　实际飞行 ·· 98

职业模块 3　飞行后工作 ·· 115

　培训课程 1　飞行后检查 ·· 117

　　学习单元 1　遥控器及地面站检查 ·· 117

　　学习单元 2　飞行器完整性检查 ··· 123

　培训课程 2　无人机系统撤收 ·· 130

　　学习单元 1　电池拆卸及储存 ·· 130

　　学习单元 2　无人机的折叠撤收与装箱运输 ·· 134

职业模块 ① 飞行准备

培训课程 1　预先准备
　　学习单元 1　勘察飞行环境
　　学习单元 2　制订与申报飞行计划
培训课程 2　直接准备
　　学习单元　展开无人机系统及飞行前检查

培训课程 1

预先准备

学习单元 1　勘察飞行环境

一、获取与分析飞行区域气象预报信息

1. 气象因素的重要性

飞行环境勘察是保障飞行安全的重要前提，影响无人机飞行的气象因素主要包括风、大气温度、雷电天气、雨雪天气、大雾天气等。气象因素对无人机影响的大小跟无人机本身的飞行原理和性能密切相关，因此，需要在了解无人机飞行性能的前提下，根据飞行任务的要求，合理规划航线，避免不利气象因素，最大限度地保证飞行安全。

2. 常见的气象因素

（1）风力和风切变。风对无人机飞行安全的影响主要来自风力的大小和低空风切变。风的风向和速度的快速变化会改变无人机的相对风，使无人机的升力、航向、速度都发生改变，破坏无人机的飞行高度，改变无人机的飞行性能。在风切变情况下，影响可能会小，也可能很大，具体影响大小要看风速和风向的变化。例如，逆风切变会导致无人机空速和性能的增加；相反，顺风切变会导致空速迅速降低，无人机性能也会相应降低。

每架无人机的性能不同，抗风能力也不同。起飞前，可以通过测风仪等设备测量风速，如图 1-1 所示，确保无人机的抗风能力满足飞行需要。对多旋翼无人机来说，出现强风切变天气时，操控员首先应随时注意多旋翼无人机的对地速度与偏航情况，及时修正航线并计算航行时间，确保多旋翼无人机能顺利往返；其次应该根据风向适当变更航线，尽量避免多旋翼无人机在较大侧风切变的环境下

飞行，保证飞行安全。

（2）工作温度。无人机上有大量的电子元器件，民用的电子元器件工作温度范围一般在 –20 ~ 50 ℃（常用温度计见图 1-2），温度过高或者过低都会对无人机电子设备正常运行造成影响，从而导致飞机失控或者坠机。所以，在南方，要注意防止在温度过高条件下飞行；在北方，要注意防止在温度过低条件下飞行；在一些特殊的地形和天气条件下，也要注意避免温度剧烈变化。

图 1-1　测风仪

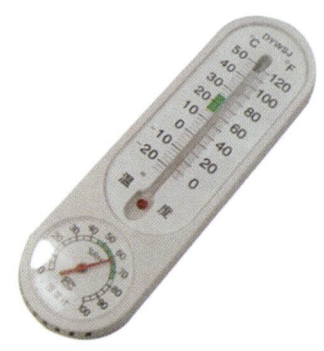
图 1-2　温度计

（3）雷电天气。雷电天气（见图 1-3）不仅会使无线电通信和电子设备受到干扰，而且可能导致无人机遭受雷击。除此之外，雷电天气可能同时还伴有冰雹、下击暴流、龙卷风等强天气情况，对无人机飞行安全造成进一步威胁。

图 1-3　雷电天气

（4）雨雪天气。市面上大多数无人机设备都不具备防水功能，因此，雨雪天气（见图 1-4）时执行飞行任务可能会导致飞行器电子电路部分短路或漏电的情况发生。由于无人机机械结构部分零件大多由铝合金或钢等金属材料制成，进水后会被腐蚀或生锈，从而影响机械结构部分正常运行。

图 1-4 雨雪天气

（5）大雾天气。大雾天气（见图 1-5）主要影响操纵人员的视线和任务载荷的镜头画面，使操作人员难以判断实际安全距离，对无人机飞行安全造成威胁。

图 1-5 大雾天气

操作技能 1　风的测量

一、操作准备
器材准备：风向标、风速仪等。
二、操作步骤
步骤 1：通过风向标的位置判断风向，以决定起降航线的方向。风袋如图 1-6 所示。

图 1-6 风袋

步骤 2：利用风速仪测量风速大小。

步骤 3：判断逆风方向。

步骤 4：观察逆风方向 200 m 范围是否有高大障碍物。

步骤 5：结合无人机飞行性能，判定无人机是否可以正常作业。一般情况下，风速 0～8 m/s，适合作业；风速 8～13 m/s，勉强作业；风速 13 m/s 以上，停止作业。风力等级见表 1-1。

表 1-1 风力等级

风力等级	风的名称	风速（m/s）	陆地现象	海面状态
0	无风	0～0.2	静，烟直上	平静如镜
1	软风	0.3～1.5	烟能表示风向，但风向标不能转动	微浪
2	软风	1.6～3.3	人面感觉有风，树叶有微响，风向标能转动	小浪
3	微风	3.4～5.4	树叶及微枝摆动不息，旗帜展开	小浪
4	和风	5.5～7.9	能吹起地面灰尘和纸张，树的小枝微动	轻浪
5	清劲风	8.0～10.7	有叶的小树枝摇摆，内陆水面有小波	中浪
6	强风	10.8～13.8	大树枝摆动，电线呼呼有声，举伞困难	大浪
7	疾风	13.9～17.1	全树摇动，迎风步行感觉不便	巨浪
8	大风	17.2～20.7	微枝折毁，人向前行感觉阻力甚大	猛浪

续表

风力等级	风的名称	风速（m/s）	陆地现象	海面状态
9	烈风	20.8～24.4	建筑物有损坏（烟囱顶部及屋顶瓦片移动）	狂涛
10	狂风	24.5～28.4	陆上少见，见时可使树木拔起将建筑物损坏严重	狂涛
11	暴风	28.5～32.6	陆上很少，有则必有重大损毁	非凡现象
12	飓风	32.7～36.9	陆上绝少，其摧毁力极大	非凡现象
13	飓风	37.0～41.4	陆上绝少，其摧毁力极大	非凡现象
14	飓风	41.5～46.1	陆上绝少，其摧毁力极大	非凡现象
15	飓风	46.2～50.9	陆上绝少，其摧毁力极大	非凡现象
16	飓风	51.0～56.0	陆上绝少，其摧毁力极大	非凡现象
17	飓风	56.1～61.2	陆上绝少，其摧毁力极大	非凡现象

操作技能 2　气象预报信息的获取

一、操作准备

器材准备：手机、电视、广播或报纸等媒介。

二、气象预报信息的获取方法

方法 1：从手机端 App 或者网站获取气象预报信息。

通过手机端 App 查看当天气象条件是否符合本架次无人机的飞行。例如，表 1-2 所示为中山市气象预报信息。

表 1-2　中山市气象预报信息

网名	网址	栏目	内容
中山气象网	http://gd.cma.gov.cn/zssqxj/（查看菜单栏中气象服务栏）	天气预报	包括天气形势分析、未来 5 天中山市天气预报等
		海洋天气	包括附近主要海面的天气状况
		台风	台风消息、路径等

方法2："12121"电话查询。

"12121"即气象信息自动答询系统，以全天候方式滚动播出详细的气象信息。拨打"12121"，能听到重要天气消息（不定时发布预警信号），再加拨相应的数字，就可以听到气象信息。

方法3：气象信息定制。

气象短信一般由省气象局主办，省市气象台权威发布，面向全省手机用户。每天定时提供全省各市、县最新天气预报，遇到灾害性、重要天气随时发布气象预警。如图1-7所示。

城市天气预报	未来三天预报	早晨天气预报	早晨48小时天气预报
名称	使用范围/湖南	定制方法	发送时次及范例
城市天气预报	移动 联通 电信	编辑短信"11城市区号+县级城市名首位字母"并发送到10628121 例：长沙移动、联通、电信手机用户定制当地城市天气预报发送110731到10628121	每天下午3点开始发送、预报未来24小时天气 范例1——长沙：20日晚到21日小雨转阴天，北风2级，5到11摄氏度。今日大寒，22日晚到23日有强冷空气自北向南影响我省，注意防范。 范例2——天气消息：湖南入汛以来最强降雨来袭，8日晚到9日，长沙地区将出现大到暴雨，局部有短时雷雨大风等强对流天气，请注意加强防范。长沙市气象台

图1-7 气象信息的定制

方法4：电视天气预报节目。

根据当时实际情况查看，以中山市为例，见表1-3。

表1-3 中山市电视气象信息

中山电视台	时间	内容
公共频道	每天四次：7：30—8：30（字幕预报），12：39，19：45，23：45	中山未来24小时及96小时天气预报等
综合频道	每天三次：17：29（国内城市天气预报），22：04，22：51	中山未来24小时及96小时天气预报及国内城市天气预报

方法5：电台广播。

根据当时实际情况收听，以中山市为例，见表1-4。

方法6：报纸。

根据当时实际情况查看，以中山市为例，见表1-5。

表 1-4　中山市广播气象信息

广播电台	时间	内容
FM88.8（天气先生）	7：25，10：42，12：00，15：35，19：05，21：33	中山市天气预报及相关气象资讯
FM96.7（天气小天使）	7：05，11：32，15：35，19：00，20：35	中山市天气预报及相关气象资讯
电台其他节目	根据天气变化随时插播天气预报	天气预报及预警

表 1-5　中山市报纸气象信息

报纸名称	内容
中山日报	中山市未来四天天气预报
中山商报	中山市未来四天天气预报
南方都市报	中山市未来四天天气预报

二、认知与勘察飞行区域地理环境

1. 地理环境的重要性

无人机是利用无线遥控和程序控制来执行特定航空任务的飞行器，或者由车载计算机完全地、间隙地自主地操作。根据操控方式的不同，无人机分为多旋翼无人机、固定翼无人机、无人直升机等。地理环境对无人机的飞行是十分重要的。以常用的民用多旋翼无人机为例，其定位和导航主要采用 GPS 和地磁罗盘等数据融合的方式。GPS 容易受到高空障碍物的干扰，使得精度不准，因此无人机飞行时要远离遮挡物，如远离市区高楼之间进行飞行作业；地磁罗盘对电磁信号比较敏感，因此无人机飞行时要远离产生电磁信号的场所，如远离大功率无线电设备（手机信号基站）、矿物山体、建筑物等。无人机的飞行作业还应注意远离人群，避免在人员密集地区作业，最大限度地减小飞行事故的发生概率。

2. 常见的地理环境因素

（1）遮挡因素。选择开阔、周围无高大建筑的场所作为飞行场地，避免遮挡因素。大量使用钢筋建成的建筑物会影响指南针的准确性，并且会遮挡导航定位信号，导致飞行器的定位效果变差甚至无法定位。

（2）视野因素。飞行时保持在视线范围内控制无人机，远离障碍物、人群、水面等。

（3）信号因素。请勿在有高压线、通信基站或是发射塔等设施的区域飞行，以免遥控器受到干扰。

（4）特殊环境。如需在高原地区作业，应减少载重，满电起飞，轻柔打杆，减慢飞行速度。

（5）电磁干扰。无人机系统和周边的电磁环境是交互作用的，即无人机系统向周围发射电磁波，同样会受到周围电磁信号的干扰和影响。无人机的电磁干扰问题比较复杂，为避免影响安全飞行，需要特别注意以下几点：

1）远离通信基站、通信塔。

2）远离军用雷达、天线。

3）城市中使用时，要为链路距离留有足够余量，也就是尽量飞近一些。

4）全向天线要注意上、下两端的盲区。

5）定向天线要注意指向性。

6）禁止高速近距飞越架空高压输电线路，防止电磁感应短路。

7）部分遥控设备同场飞行时要错开频点。

8）为避免干扰他人和占用频率资源，尽量不使用大功率模拟链路。

操作技能 3　视野的观察

一、操作准备

器材准备：无人机、望远镜等。

二、操作步骤

步骤 1：根据飞行任务的目标，确定是视距内飞行还是超视距飞行，视距内飞行是指大约在 120 m 高、500 m 半径的作业。如图 1-8 所示。

步骤 2：尽量选择郊外或野外，远离人口密集区，确保半径几百米范围内无

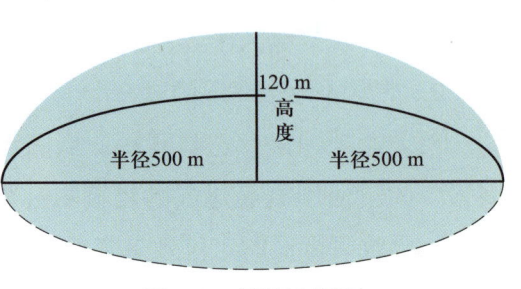

图 1-8　视距内视野

任何交通要道、居住地、公众活动场地等，坚决避开高压线、变电站、移动信号塔及雷达站等设施。如图1-9所示。

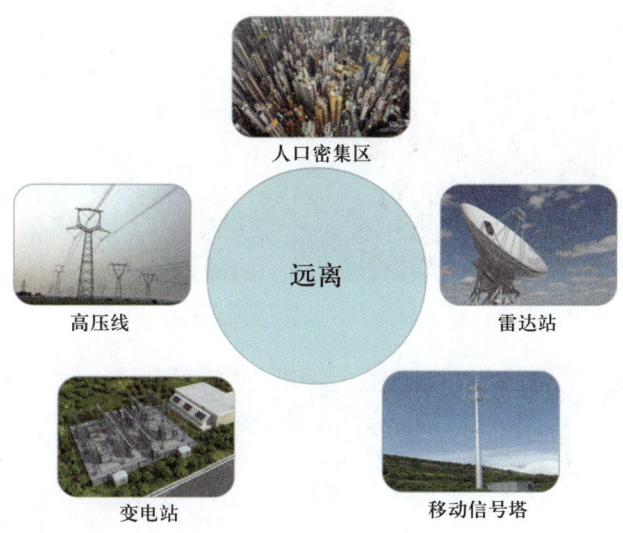

图1-9 禁飞建筑

步骤3：起降场地相对平坦、开阔，起降位置以草坪和松软土质地面为主，确认周围环境无湖泊、河流、积水区域、高大树木、线路等。图1-10所示为树木丛生的不理想起降场地。

图1-10 树木丛生的不理想起降场地

步骤4：观测起降场地天气、视野是否清晰，避免在大风引起的沙尘环境下起降。如图1-11所示。

步骤5：如若有围观人员，尽量朝向围观人员反方向起降。如有小朋友，尽量不起飞，必要时清场或换场。如图1-12所示。

图 1-11　不理想的沙尘环境

图 1-12　不理想的人员密集的飞行环境

步骤6：如场地内飞行器众多，尽量寻找独立空域，避免相互干扰。如图 1-13 所示。

图 1-13　理想的飞行环境

操作技能 4　城市作业操作示例

一、操作准备

器材准备：多旋翼无人机。

二、操作步骤

步骤 1：短按一次，再长按遥控器（飞行器）电源按键，打开遥控器（飞行器）。如图 1-14 所示。

步骤 2：城市电磁环境较为复杂，需开机后重新校准指南针。快速拨动挡位开关 5 次；水平旋转飞行器一圈；再垂直旋转飞行器一圈，完成校磁。如图 1-15 所示。

图 1-14　开机

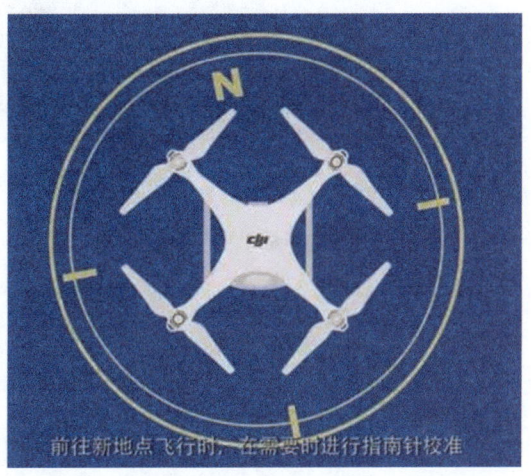
图 1-15　指南针的校准

步骤 3：如果周围有建筑物的遮蔽，一定要通过 App 界面确定卫星颗数在 8 颗以上才能够起飞；点击 App 界面一键起飞按键；飞行中要持续观察卫星颗数。如图 1-16 所示。

图 1-16　起飞操作

步骤4：飞行中，为保证无线电视距通畅，地面操作人员要适时跟进；航线某些关键位置需要有观察人员协助观察飞行器位置、高度，以避免与建筑物、电线、树木等发生碰撞。如图1-17所示。

图1-17　建筑物的规避

步骤5：鉴于城市内电磁环境复杂，飞行器不能距离遥控人员过远，要避免飞行器越过建筑物或绕行到建筑物的后方而进入驾驶员的视觉盲区；要和高压线、通信塔架保持足够的距离。如图1-18所示。

图1-18　远离高压线

三、制定最低飞行安全高度

最低飞行安全高度是指在看不见地面的情况下，保证无人机不致与地面障碍物相撞的最低飞行高度。制定最低飞行安全高度需要考虑如下因素。

1. 障碍物因素

飞行需要避免撞地，所以飞行高度必须高于地面障碍物并保持一定裕度，这就是最低安全高度，也是飞行高度的下限。

2. 发动机因素

飞行高度越高，空气密度越小，发动机能保持的推力越小，到了一定高度，发动机的推力就无法保持升力大于重力，所以无人机性能就定义了飞行高度的上限。

3. 编队因素

在同样的水平路径中有多架无人机，为了保证彼此飞行不会发生危险接近，应由管制员和地面站工作人员负责调配每架无人机的飞行高度。

4. 信号因素

由于障碍物可能会影响到导航信号或者通信信号的覆盖，某些区域需要考虑在此区域内通过适当增加飞行高度的方法保证导航和通信。

操作技能

操作技能 5　飞行安全高度的制定

一、操作准备

器材准备：无人机、地面站等。

二、操作步骤

步骤 1：根据作业要求，制订大体飞行路线和计划。如图 1-19 所示。

步骤 2：根据地图和实地考察信息，判断是否存在超越已设定飞行高度的建筑物或者山体等障碍物。如果有，修改对应的航线高度。如图 1-20 所示。

步骤 3：如果在西藏等空气稀薄的高原环境下飞行，应结合无人机的飞行性能，合理设置最低飞行安全高度。如图 1-21 所示。

图 1-19　制订飞行路线计划

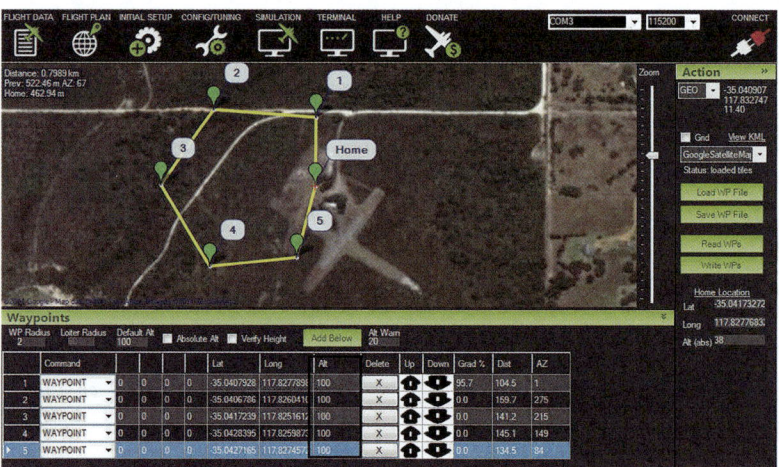

图 1-20　修改航线高度

图 1-21　高原环境

步骤4：如果进行多机型编队飞行，合理设置每个机型的最低飞行安全高度，防止发生碰撞。如图1-22所示。

图1-22　多机型飞行

步骤5：如果遇到无线信号干扰的问题，结合无人机的最低飞行安全高度和实际无线信号要求，合理设置飞行安全高度。如图1-23所示。

图1-23　无线信号干扰情况下飞行

四、标记空域信息及危险区

1. 空域的重要性

空域是指航空器运行的环境，是国家的宝贵资源。依据《中华人民共和国飞行基本规则》规定，从事飞行活动的单位、个人，使用飞行空域、航路、航线应当按照国家有关规定向飞行管制部门提出申请，经批准后方可实施。

中国共有6个空管区域，分别是华东、华北、东北、中南、西南和西北。在区内飞行，向地区空管局申请，地区空管局向空军备案后批复各相关单位保障飞行。跨区飞行，向民航局空管局总调度室申请，空管局向空军备案后批复各相关单位保障飞行。

2. 空域的分类

目前，民用空域分为飞行情报区、管制空域、空中禁区、危险区、空中限制区等。

（1）飞行情报区。飞行情报区是指为提供飞航情报服务和告警服务而划定范围的空间。我国现有飞行情报区11个：沈阳、北京、上海、台北、广州、香港、昆明、武汉、兰州、三亚、乌鲁木齐。以上飞行情报区为在中国境内和经国际民航组织批准由我国管理的境外空域内飞行的航空器提供飞行情报服务。

（2）管制空域。管制空域是一个划定的空域空间，在其中飞行的航空器要接受空中交通管制服务。《民用航空使用空域办法》规定了我国民用航空的管制空域分为塔台管制区、进近管制区和区域管制区。

1）塔台管制区（D类）。其一般包括起落航线、仪表进近程序、第一等待高度层及其以下的空间和机场机动区。管制塔台负责塔台管制区的空中交通管制服务。

2）进近管制区（C类）。其是塔台管制区与中低空管制区的连接部分，垂直范围通常在6 000 m（含）以下、最低高度层以上。进近管制室负责进近管制区的空中交通管制服务，根据飞行繁忙程度也可以与机场管制塔台合为一个单位。

3）区域管制区。指在中国领空内，6 600 m（含）以上空间划分的若干高空管制区（A类）；根据实际情况，6 600 m（不含）以下划分的若干中低空管制区（B类）；各管制区的范围是依据其管制能力和地理特点划定的。分别负责高空或中、低空管制区的空中交通管制服务的高空区域管制室、中低空区域管制室，也可以合二为一。

（3）空中禁区。空中禁区是指在国家重要的政治、经济、军事目标上空划设的，未按照国家有关规则并经特别批准，任何航空器不得飞入的空间。空中禁区分为永久性和临时性禁区两种，是在各种类型的空域中，限制、约束等级最高的，除非有特别紧急的情况，一旦建立任何飞行活动被禁止，否则将导致致命的灾难。

（4）危险区。危险区是指在规定时间内存在对飞行有危险活动的划定空域。需指出的是，一国划定禁区和限制区只能在其领空之内，而划定危险区则可以扩展到临近的公海上空；危险区必须有时限要求。

（5）空中限制区。空中限制区是指位于航路、航线附近的军事要地、兵器试验场上空划设的空间和航空兵部队、飞行院校等航空单位的机场飞行空域。在规定时限内，未经飞行管制部门许可的航空器，不得飞入空中限制区。

操作技能 6　空域的识别

一、操作准备
器材准备：无人机、地图信息等。

二、操作步骤
步骤 1：飞行情报区的识别。

步骤 2：管制区域的识别。如图 1-24 所示。

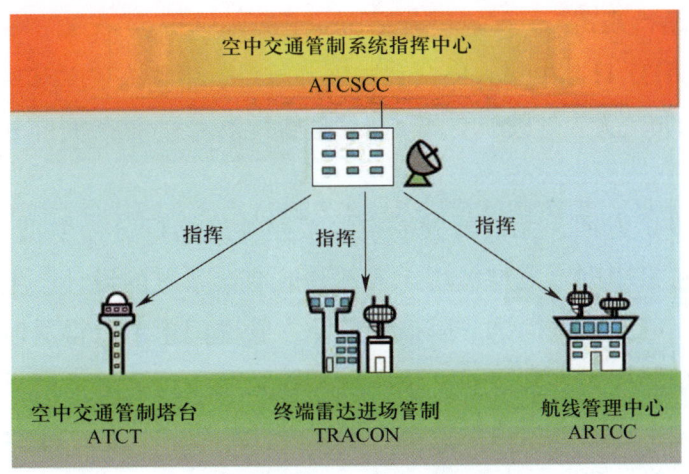

图 1-24　管制区

步骤3：机场禁飞区识别。如图1-25所示。

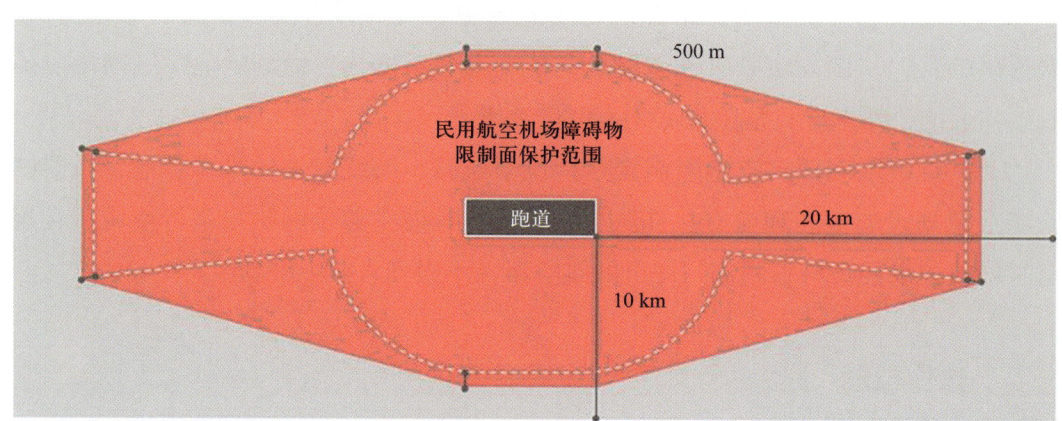

注：红色区域为禁飞区范围，灰色区域为120 m限飞区范围，虚线以内区域为民航局公布的民用机场障碍物限制面保护范围。

图1-25　机场禁飞区

学习单元2　制订与申报飞行计划

一、制订飞行计划

1. 无人机运行规定

2023年5月31日，中华人民共和国国务院令、中华人民共和国中央军事委员会令第761号公布《无人驾驶航空器飞行管理暂行条例》，该条例自2024年1月1日起施行。

在航空器要求方面，无人驾驶航空器按照性能指标分为微型、轻型、小型、中型和大型。从事中型、大型民用无人驾驶航空器系统的设计、生产、进口、飞行和维修活动，应当依法向国务院民用航空主管部门申请取得适航许可。从事微型、轻型、小型民用无人驾驶航空器系统的设计、生产、进口、飞行、维修以及组装、拼装活动，无需取得适航许可，但相关产品应当符合产品质量法律法规的有关规定以及有关强制性国家标准。

在操控员管理方面，操控小型、中型、大型民用无人驾驶航空器飞行的人员应当具备规定条件，并向国务院民用航空主管部门申请取得相应民用无人驾驶航空器操控员执照。

在空域和飞行活动管理方面，划设无人驾驶航空器飞行空域应当遵循统筹配置、安全高效原则，以隔离飞行为主，兼顾融合飞行需求，充分考虑飞行安全和公众利益。

2. 飞行计划

飞行计划是指对航空器飞行做出预先安排的文书，飞行管制部门依据飞行计划进行飞行调配，掌握飞行动态，监督飞行活动，保证飞行安全。飞行计划分为主飞行计划和备份飞行计划，内容通常包括部别、航空器型别和架数、允许飞行的最低气象条件、飞行任务、架次、航线（空域）、高度、飞行日期、起降时间、使用的机场或导航台等。需要其他单位协助指挥和保障的飞行，还应增加飞行员姓名（代号）、航线位置报告点及其代号、地空通信规定等。

飞行计划由组织飞行的单位制订，按规定时限向飞行管制部门提出，经批准后方可实施。当需要改变飞行计划时，须经过审批该次飞行的机关批准。国际飞行计划应当注明航空器注册的国籍、识别标志、无线电呼号、频率范围、预计飞入、飞出国（边）境点的位置和时间等。

操作技能

操作技能1　测绘飞行计划的制订

一、操作准备

器材准备：无人机、望远镜等。

二、操作步骤

步骤1：项目开始前，确定项目要求，明确所使用的坐标系、中央子午线、投影面高程、高程系统、影像分辨率、成果格式等。

步骤2：作业员需要对测区周围进行踏勘，收集地形地貌信息，以及周边的重要设备和交通信息，为无人机的起飞、降落、航线规划提供资料。

步骤3：在进行外业航飞之前，应该根据已知的测区资料和相关数据对无人机系统的性能进行评估，判断飞行环境是否满足无人机的飞行要求。影响无人机飞行的因素主要包括以下四方面。

（1）测区的海拔应该满足无人机的作业要求，无人机飞行的高度应该大于当地的海拔和航高。

（2）地形和地貌主要影响无人机成图的质量，对于地面反光强烈的地区，如沙漠、大面积的盐滩、盐碱地等，在正午前后不宜对其进行摄影。对于陡峭的山区和高密集度的城市地区，为了避免阴影，应在当地正午前后对其进行摄影。

（3）地面的风向决定无人机起飞和降落的方向，空中的风向对飞行平台的稳定性影响很大，应尽量在风力较小时进行摄影、航测。

（4）无人机空中飞行平台和地面站之间通过电台传输数据，要保证导航系统及数据链的正常工作不受干扰。在实际到达现场时，应记录现场的风速、天气、起降坐标等信息，以备后期参考和总结。

步骤4：飞行作业前应向有关部门申请空域。

步骤5：在进行航飞前，应对所有的设备、装置进行检查，主要包括航测相机的检校，无人机性能的检测，电池的电量检测，无人机内部各部件之间的紧密性、电台、GPS等的检测。在环境复杂的山区航飞时，为了防止飞机丢失，可以在飞机上配置移动定位设备。对于弹射起步的无人机，还应检查弹射架的状况。

步骤6：对设备和电池进行充电，准备好外业用到的工具。建议外业作业时要携带插排、旋具、充电宝、Type-C数据线等物品，以备不时之需。

步骤7：根据项目要求，合理设置飞行高度和速度，以及相机的照片重叠度等参数。如图1-26所示。

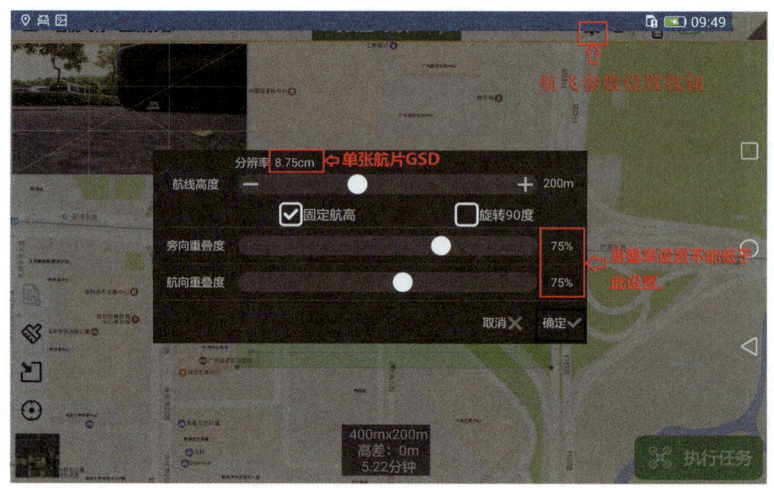

图1-26　飞行速度等参数的设置

二、提交申报飞行计划

1. 无人机飞行计划的现状

随着无人机应用越来越多,对于空域使用的申请越来越多,国家以及地方制定了使用信息化手段的简化审批流程,以更好地服务无人机行业的快速发展。例如,济南市政府联合当地空管办利用信息化手段出台了简化版的空域审批流程。

2. 无人机飞行计划的申请

根据空域的管理要求,无人机飞行属于通航领域,主要通过当地军方或者民航航空管制部门申请,申请的主要内容有:

（1）飞行单位。
（2）飞行任务性质。
（3）机长（飞行员）姓名、代号（呼号）和空勤组人数。
（4）航空器型别和架数。
（5）通信联络方法和二次雷达应答机代码。
（6）起飞、降落机场和备降场。
（7）预计飞行开始、结束时间。
（8）飞行气象条件。
（9）航线、飞行高度和飞行范围。
（10）其他特殊保障需求。

操作技能

操作技能 2　飞行计划的申报准备工作

一、操作准备

器材准备：无人机、当地航管部门的飞行计划申请表、相关申请网站等。

二、操作步骤

步骤 1：在中国民用航空局网站对无人机设备进行实名认证。

步骤 2：取得中国民用航空局对应无人机的飞行执照。

步骤 3：了解当地无人机的政策,取得相应的联系方式或者网站地址等。

步骤4：准备任务所需设备，掌握飞行当天的气象和环境条件。

步骤5：填写飞行计划申报表，完成飞行计划报备。

三、提交申报紧急飞行计划

紧急飞行大多为应急救援飞行，根据中国民用航空局发布《关于建立应急救援飞行计划申请绿色通道的通知》的规定：应急救援飞行计划申请绿色通道适用于取得相关飞行资质的通用航空企事业等单位，对应急救援飞行计划的申请。主要包括医疗救助、搜寻救援、抢险救灾等紧急情况。

中国民用航空局要求，要建立完善协调机制，设立应急救援飞行计划申请绿色通道联系方式，用于申请人与飞行计划受理部门协调飞行计划相关事宜，确保应急救援飞行计划申请绿色通道便捷、畅通；飞行计划受理部门要密切协调相关部门，提高计划批复效率；计划受理部门要及时修订完善本部门工作程序，做好对通用航空企事业等单位的告知工作；相关单位要主动作为，加强军民航协调工作，确保飞行计划申请后及时获得批复。

操作技能

操作技能3　紧急飞行计划申报

一、操作准备

器材准备：无人机、当地航管部门的飞行计划申请表、相关申请网站等。

二、操作步骤

步骤1：明确申请时间。所有涉及应急救援飞行计划的申请，不设申请时间限制，申请人可根据紧急程度随时申请应急救援飞行。

步骤2：明确证明函要求。申请开展医疗救助等飞行活动，除提交飞行计划外，申请人需提供相关医疗机构出具的证明函。如果情况紧急，申请人可直接提供相关医疗机构的联系人和联系方式，飞行计划受理部门可依此先行办理，申请人于计划批复后24小时内补交相关医疗证明。逾期未补交证明的，受理部门应正式通知暂停办理其今后相关飞行计划申请，直至申请人补交相关医疗证明。对申请飞越我国领空开展急救飞行活动，申请人仅需提交飞行计划，无需提供医疗证明函。值得一提的是，对于新闻媒体已有报道的抢险救灾等飞行活动，申请人仅需提交飞行计划，无需提供相应证明函。

步骤3：建立协调机制。设立应急救援飞行计划申请绿色通道联系方式，用于申请人与飞行计划受理部门协调飞行计划相关事宜，确保应急救援飞行计划申请绿色通道便捷、畅通。

四、申报临时飞行空域

对使用机场飞行空域、航路、航线进行通用航空飞行活动，飞行计划申请由当地飞行管制部门批准或者由当地飞行管制部门报经上级飞行管制部门批准。无人机飞行使用的空域为临时飞行空域，其申报飞行计划的管制单位，根据飞行区域的范围不同、申请的单位主体不同，具体划分如下：

1. 在机场区域内的，由负责该机场飞行管制的部门批准。
2. 超出机场区域并在飞行管制分区内的，由负责该分区飞行管制的部门批准。
3. 超出飞行管制分区并在飞行管制区内的，由负责该区域飞行管制的部门批准。
4. 超出飞行管制区的，由中国人民解放军空军批准。

操作技能4　临时飞行计划的申报（以济南市为例说明）

一、操作准备
器材准备：无人机、当地航管部门的飞行计划申请表、相关申请网站等。

二、操作步骤
步骤1：关注"济南公安"微信公众号，进入 e 警通页面。输入手机号、验证码进行登录。如图1-27所示。

步骤2：实名认证。如图1-28所示。

图1-27　登录界面　　　　　　图1-28　实名认证

步骤3：无人机备案。返回e警通首页，点击e警帮办"全部"，在治安服务中点击无人机备案图标。如图1-29所示。

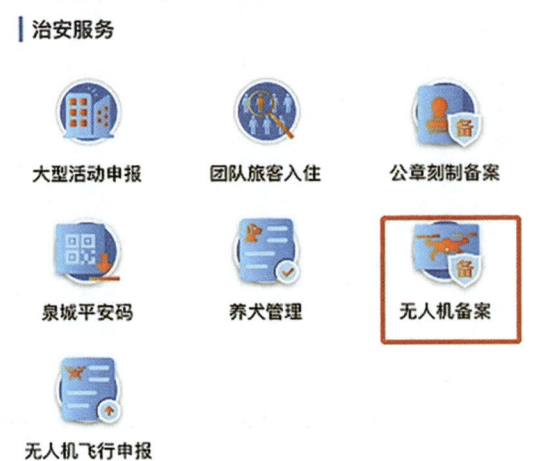

图1-29　无人机备案

步骤4：点击e警帮办"全部"，在治安服务中点击"无人机飞行申报"图标。如图1-30所示。

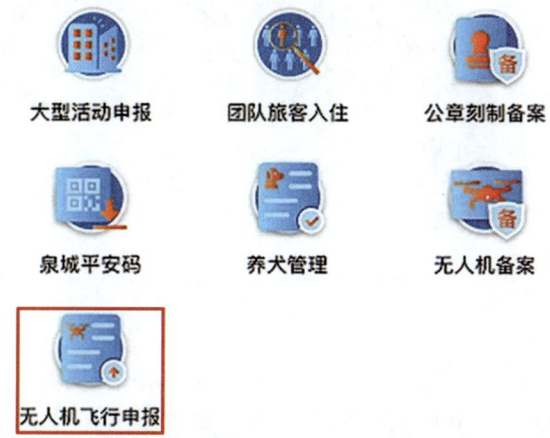

图 1-30　无人机飞行申报

步骤 5：进入飞行计划报备页面，选择要飞行的无人机，按照规定填写完整内容和飞行区域（注意：只能在可飞区内进行报备）后点击"提交"，完成飞行计划报备。如图 1-31 所示。

图 1-31　飞行计划报备

培训课程 2

直接准备

学习单元　展开无人机系统及飞行前检查

一、无人机系统组装与架设

1. 无人机系统概述

无人驾驶航空器（UA：Unmanned Aircraft），是由遥控站管理（包括远程操纵或自主飞行）的航空器，也称遥控驾驶航空器（RPA：Remotely Piloted Aircraft），以下简称无人机。

无人机系统（UAS：Unmanned Aircraft System），也称无人驾驶航空器系统（RPAS：Remotely Piloted Aircraft Systems），是指由一架无人机、相关的遥控站、所需的指令与控制数据链路以及批准的型号设计规定的任何其他部件组成的系统。

无人机系统主要包括飞机机体、飞控系统、数据链系统、发射回收系统、任务载荷等。飞控系统又称为飞行管理与控制系统，相当于无人机系统的"心脏"部分，对无人机的稳定性、数据传输的可靠性、精确度、实时性等都有重要影响，对无人机的飞行性能起决定性的作用。数据链系统可以保证对遥控指令的准确传输，以及无人机接收、发送信息的实时性和可靠性，以保证信息反馈的及时有效性，以便无人机顺利准确地完成任务。发射回收系统保证无人机顺利升空，达到安全的高度和速度飞行，并在执行完任务后从天空安全回落到地面。任务载荷是无人机执行相应任务时搭载的设备。

2. 无人机系统组成

无人机系统主要有飞行器、控制站和通信链路三部分组成，如图1-32所示。

（1）飞行器。飞行器是指能在地球大气层内外空间飞行的器械。通常按照飞行环境和工作方式，把飞行器分为航空器、航天器、空天飞行器、火箭和导弹、巡飞弹型无人机等。根据定义，民用无人机属于航空器的范畴，其分类如图1-33所示，其所包含的系统如下。

1）飞行平台。常见的飞行平台包括固定翼无人机平台和旋翼无人机平台。固定翼无人机平台是由动力装置产生前进的推力或拉力，由机体上固定的机翼产生升力，在大气层内飞行的重于空气的无人航空器。如图1-34所示。

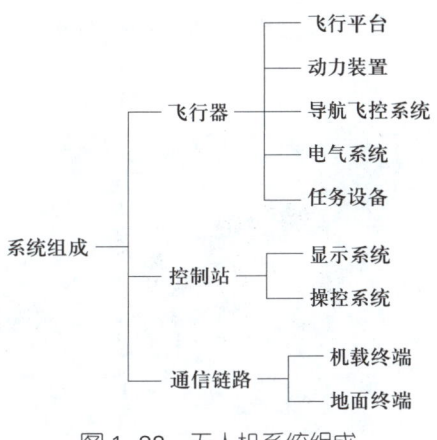

图1-32 无人机系统组成

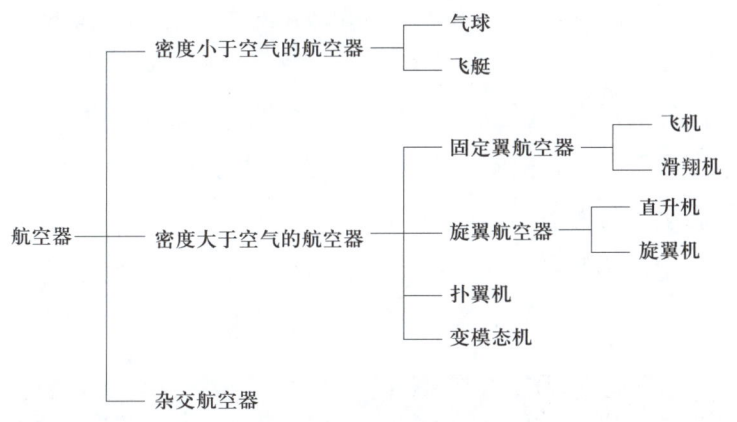

图1-33 航空器分类

图1-34 固定翼无人机平台

旋翼无人机平台是一种重于空气的无人航空器，其在空中飞行的升力由一个或多个旋翼提供。多轴飞行器是一种具有3个及以上旋翼轴的特殊直升机，旋翼的总距固定而不像一般直升机那样可变。通过改变不同旋翼之间的相对转速可以改变单轴推进力的大小,从而控制飞行器的运行轨迹。如图1-35所示。

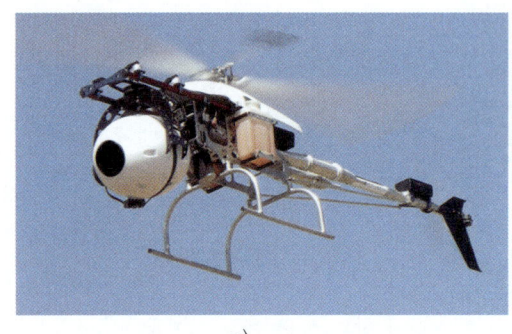

图1-35 旋翼无人机平台
a)传统旋翼 b)多旋翼

2)动力装置。动力装置是指无人机的发动机以及保证发动机正常工作所必需的系统和附件的总称。无人机使用的动力装置主要有活塞式发动机、涡喷发动机、涡扇发动机、涡桨发动机、涡轴发动机、冲压发动机、火箭发动机、电动机等。目前,主流的民用无人机所采用的动力系统通常为活塞式发动机和电动机两种,如图1-36所示。

图1-36 常用动力系统
a)活塞式发动机 b)电动机

活塞式发动机也叫往复式发动机,由气缸、活塞、连杆、曲轴、气门机构、螺旋桨减速器、机匣等组成主要结构。活塞式发动机属于内燃机,它通过燃料在气缸内的燃烧,将热能转变为机械能。活塞式发动机系统一般由发动机本体、进气系统、增压器、点火系统、燃油系统、启动系统、润滑系统以及排气系统构成。如图 1-37 所示。

燃油系统主要由燃油箱、输油管路、燃油增加泵、防火开关和放油开关组成。燃油箱需要具有足够的容量，保证发动机正常工作时的燃油消耗。随着油箱内的油面下降，油量表传感器连续发出信号，地面站驾驶员通过远程油量表显示的数据，就可以知道油箱内剩多少油。通常将油箱布置在机体重心附近，或者对称于机体重心放置。

图 1-37 活塞发动机结构

输油管路处于燃油箱与发动机之间，是多个燃油箱之间连接的管道。一般大中型油动无人机输油管路纵横交错，连接形式也比较多，但通常可以概括为串联和并联两种形式。为了保持燃油箱内的油面压力大于燃油的饱和蒸汽压，需要采用增压油泵来加大发动机燃油泵的入口压力。燃油增压泵大多采用电动离心泵，通过离心力的作用，将机械能转换为液压能，其特点是流量大、压力低、重量轻。燃油注入发动机的燃油泵之前，要经过防火开关，当发动机发生故障着火时，可以自动关闭防火开关，立即停止向发动机供油，以防火焰蔓延。放油开关的功用是在更换油箱或者油泵时，可以通过其放出油泵没抽尽的剩余燃油。

大型、中型、小型、轻型无人机广泛采用的动力装置为活塞式发动机系统。而出于成本和使用方便的考虑，微型无人机普遍使用的是电动动力系统。电动系统主要由动力电动机、动力电源、调速系统三部分组成。

3）导航飞控系统。导航飞控系统包括导航子系统和飞控子系统。导航子系统的功能是向无人机提供相对于所选定的参考坐标系的位置、速度、飞行姿态，引导无人机沿指定航线安全、准时、准确飞行。因此，导航子系统与无人机的关系相当于领航员与有人机的关系。

飞控子系统是无人机完成起飞、空中飞行、执行任务、返场回收等整个飞行过程的核心系统，对无人机实现全权控制与管理，因此飞控子系统与无人机的关系相当于驾驶员与有人机的关系，是无人机执行任务的关键。

无人机导航飞控系统常用的传感器包括角速率传感器、姿态传感器、位置传感器、迎角侧滑角传感器、加速度传感器、高度传感器及空速传感器等，这些传感器构成无人机导航飞控系统设计的基础。图 1-38 所示为姿态传感器。

导航飞控计算机（或简称飞控计算机）是导航飞控系统的核心部件，飞控计算机应具备如下功能：姿态稳定与控制，导航与制导控制，自主飞行控制，自动起飞、着陆控制。如图1-39所示。

图1-38　姿态传感器

图1-39　导航飞控计算机

无人机执行机构都是伺服作动设备，是导航飞控系统的重要组成部分，其主要功能是根据飞控计算机的指令，按规定的静态和动态要求，通过对无人机各控制舵面和发动机节风门等的控制，实现对无人机的飞行控制。如图1-40所示。

4）电气系统。无人机电气系统可分为机载电气系统和地面供电系统两部分。机载电气系统主要由主电源、应急电源、电

图1-40　执行机构

气设备的控制与保护装置及辅助设备组成。电气系统一般包括电源、配电系统、用电设备三个部分，电源和配电系统两者组合统称为供电系统。供电系统的功能是向无人机各用电系统或设备提供满足预定设计要求的电能。

5）任务设备。按用途分类，任务设备可以分为侦查搜索设备、测绘设备、军用专用设备、民用专用设备等。常用的侦搜设备有光电平台、SRA雷达、激光测距仪等，测绘设备则包括测绘雷达、航拍相机等。图1-41所示为航拍相机。

无人机的重心位置对其稳定性和安全性非常重要。任务设备的安装对无人

机的重心影响较大，需要对无人机进行配平操作。无人机配平主要考虑的是重心沿纵轴的前后位置。重心不一定是一个固定点，它的位置取决于重量在无人机上的分布。随着很多装载对象被移动或者被消耗，会导致重心的位置存在一个合成的偏移。计算装载重量和重心的方法主要有计算法、图表法以及查表法。

（2）控制站。无人机控制站也称地面站、遥控站或任务规划与控制站。在规模较大的无人机系统中，可以有若干个控制站，这些不同功能的控制站通过通信设备连接起来而构成无人机地面站系统。如图1-42所示。

图1-41　航拍相机

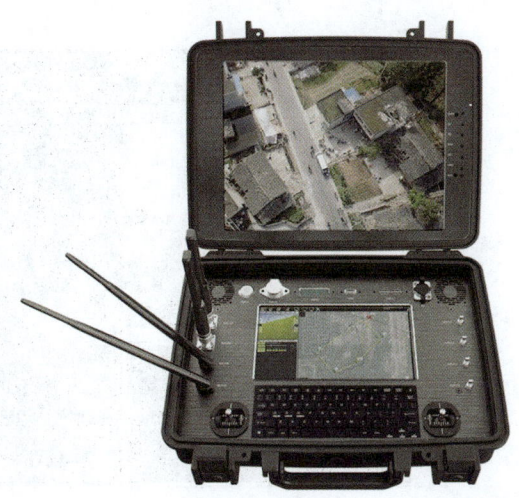

图1-42　地面站

无人机控制站主要功能包括指挥调度功能、任务规划功能、操作控制功能和显示记录功能。指挥调度功能主要包括上级指令接收、系统之间通信、内部系统调度；任务规划功能主要包括飞行航路规划与重规划、任务载荷工作规划与重规划；操作控制功能主要包括起降操纵、飞行控制操作、任务载荷操作、数据链控制；显示记录功能主要包括飞行状态参数显示与记录、航迹显示与记录、任务载荷信息显示与记录等。

无人机控制站有三类不同功能控制站模块：指挥处理中心、无人机控制站和载荷控制站。指挥处理中心用于制定任务、完成载荷数据的处理和应用，一般是通过无人机控制站等间接地实现对无人机的控制和数据接收；无人机控制站用于飞行操纵、任务载荷控制、数据链路控制和通信指挥；载荷控制站与无人机控制站的功能类似，但载荷控制站只能控制无人机的机载任务设备，不能进行无人机的飞行控制。

无人机地面站系统由显示系统、操控系统和通信链路三部分组成，具体功能介绍如下：

1）显示系统。地面控制站内的飞行控制席位、任务设备控制席位、数据链管理席位都设有相应分系统的显示装置，因此需综合规划，确定所显示的内容。显示的信息主要包括：飞行参数综合显示，即飞行与导航信息、数据链状态信息、设备状态信息、指令信息；告警，包括视觉、文字、听觉告警；地图航迹显示，包括导航信息显示、航迹绘制显示以及地理信息的显示。如图1-43所示。

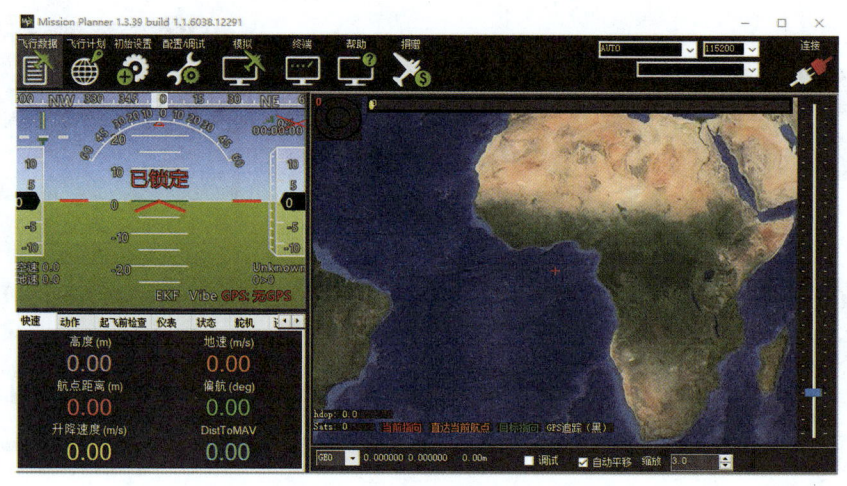

图 1-43 显示系统

2）操控系统。无人机操控系统主要包括起降操纵、飞行控制、任务设备（载荷）控制和数据链管理等。目前主流的民用无人机操控系统为遥控器操控系统，如图1-44所示。

（3）通信链路。无人机通信链路主要是指用于无人机系统传输控制、无载荷通信、载荷通信三部分信息的无线电链路。无人机系统通信链路机载终端常被称为机载电台，集成于机载设备中。视距内通信的无人机多数安装全向天线，需要进行超视距通信的无人机一般采用自跟踪抛物面卫通天线。图1-45所示为通信链路。

民用通信链路的地面终端硬件一般会被集成到控制站系统中，称作地面电台，部分地面终端会有

图 1-44 遥控器操控系统

独立的显示控制界面。视距内通信链路地面天线常采用鞭状天线、八木天线和自跟踪抛物面天线,需要进行超视距通信的控制站还会采用固定卫星通信天线。图1-46所示为地面终端。

图1-45 通信链路

图1-46 地面终端

操作技能1 无人机的组装

一、操作准备

器材准备:多旋翼无人机。

二、操作步骤

步骤1:打开无人机运输箱。如图1-47所示。

步骤2:对照说明书,查看配件是否齐全,明确各配件的作用。

步骤3：拿出无人机机体。如图1-48所示。

步骤4：将电池安装到机体上。如图1-49所示。

步骤5：将监视器与遥控器连接。如图1-50所示。

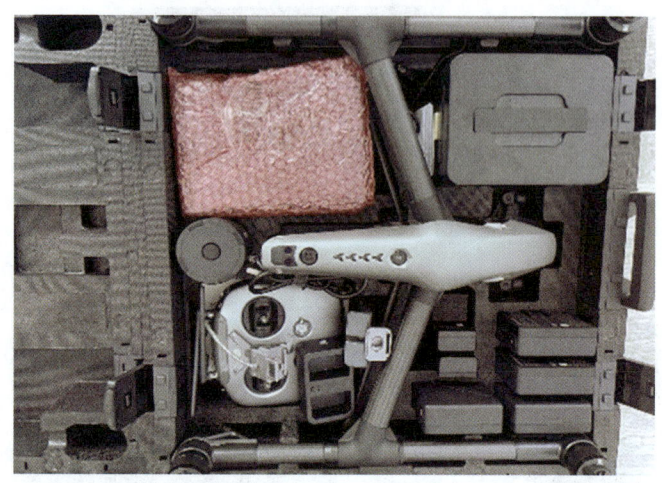

图1-47　无人机运输箱

图1-48　无人机机体

图1-49　电池安装

图1-50　监视器安装

步骤 6：安装云台。如图 1-51 所示。

步骤 7：安装螺旋桨。如图 1-52 所示。

步骤 8：静态测试，检查飞机是否能解锁。

图 1-51　云台安装

图 1-52　螺旋桨安装

操作技能 2　地面站 / 遥控器的准备

一、操作准备

器材准备：无人机、地面站和遥控器等。

二、操作步骤

步骤 1：检查机体表面安装的链路系统天线是否牢固。如图 1-53 所示。

图 1-53　链路系统天线

步骤 2：摆放好地面站计算机并开机。如图 1-54 所示。

步骤 3：将配套数据线一端与地面数传模块连接，将数据线另一端 USB 插头与地面站计算机连接。如图 1-55 所示。

步骤 4：在地面站计算机上打开电台（数传）配置软件，设置正确的 COM 串口和电台 ID。如图 1-56 所示。

步骤 5：打开地面站软件；打开无人机电源；检查地面数传模块硬件、机载数传模块硬件的相应指示灯是否全部亮起；进入地面站软件，检查 LINK 灯是否为蓝灯闪烁的正常状态。如图 1-57 所示。

图 1-54　地面站

图 1-55　数传模块

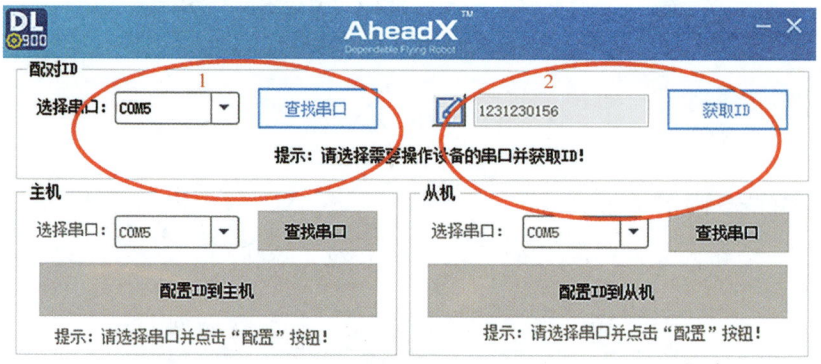

图 1-56　数传模块的配置

步骤 6：打开地面站图传模块电源；打开地面站计算机（或其他便携终端）；使用电脑 WiFi 搜索图传模块名称，并连接。如图 1-58 所示。

图 1-57　数传指示灯

图 1-58　图传模块

步骤7：无人机通电后，打开遥控器电源。如图1-59所示。

图1-59　遥控器打开

二、电池安装与电量确认

1. 电池的性能介绍

无人机所采用的动力能源大多为锂聚合物电池，关于此类电池性能的指标主要有：

（1）电池的电压。锂聚合物的单片电池标称电压为3.7 V，在充满电之后电压可以达到4.2 V左右，放电后的保护电压一般为3.6 V。

（2）电池的容量。电池的容量也是衡量电池性能的重要参数，电池的容量用毫安时（mAh）或安时（Ah）来标识。电池容量是指以某一个电流来进行放电并且维持1 h的电池容量，例如，容量为5 000 mAh的电池用5 000 mA进行放电能放1 h。

（3）电池的充放电能力。充放电能力是以倍率（C）来标识的。倍率是指锂电池的充放电系数，充电和放电分别有自己的倍率。假设一块电池容量为1 000 mAh，它的放电倍率是25C，那么它额定的最高放电电流就是25 A（1 000 mA×25）。充电倍率则是额定的充电电流，假设一块电池容量为1 000 mAh，它的充电倍率是2C，那么它的最大充电电流就是2 A（1 000 mA×2），超过这个电流进行充电会有很高的风险。

2. 电池使用注意事项

锂聚合物电池是一种非常危险的电池，因此在日常的使用过程中必须注意安全。如果使用不得当，可能会造成电池的损坏以及其他严重后果。

（1）锂聚合物电池的充放电。一般情况下，锂聚合物电池的体积越大，其自身的散热性能会越差，因此在充电的过程中要尽量做到通风及散热。锂聚合物电池在使用过程中都是以电池组的形式存在的，所以在充电时应尽量使用具有平衡功能的充电器对锂聚合物电池进行充电。其充放电相关注意事项如下。

1）充电电流。锂聚合物电池是一种高倍率电池，不同倍率的电池所允许的充电电流不同。一般锂聚合物电池的充电倍率最高可达 5C，但是运用较高的电流对电池充电往往会对电池造成损害，严重情况下甚至可能会引发爆炸，因此在锂电池的使用过程中为了对电池进行安全保护，一般建议用 1C 的电流对电池进行充电。

2）充电温度。电池需要在规定的环境温度范围内进行充电，否则电池易受损坏。当发现电池表面温度异常时（指电池表面温度超过 50 ℃），应立即停止充电。最佳充电温度在 10～45 ℃区间内。同时，已使用的电池不能马上充电，需要待电池温度降低至 35 ℃或常温后，才可连接充电器。

3）充电电压。锂聚合物电池的标称电压为 3.7 V，其充满电之后的满电电压为 4.2 V，所以在充放电时要防止对电池的过充和过放。充电后电池组的每片电池的电压不得高于 4.25 V，放电后每片电池的电压不得低于 3.3 V。严禁采用直充充电，否则可能造成电芯过充电。除此之外，存在鼓胀、变形、泄漏现象或电压低于 2.75 V 的电池不可进行充电。

4）充电方向。正确连接电池的正、负极，严禁反向充电。反向充电会使电池受到破坏，会导致电池发热、泄漏甚至起火。

5）放电温度。电池需要在规定的工作温度范围内放电。当电池表面温度超过 70 ℃时，要暂时停止使用，直到电池冷却到室温为止。放电时温度范围在 0～45 ℃，禁止在高温环境下对电池放电。

6）放电电流。放电电流不得超过规定电流，过大的电流放电会导致电池容量剧减，甚至过热膨胀。外观受损严重（鼓胀、变形、泄漏）的电池不能进行放电过程。

7）过放电。过放电会导致电池损坏，放电时不得使单体电池的电压低于 3.6 V。

（2）电池的内阻。长期使用的锂电池会随着使用次数的增加而造成内阻增大。

内阻增大的原因一方面是锂聚合物电池的一种自然行为，另一方面是使用不当会加速电池内阻的增大。过大内阻的电池在使用过程中需要格外注意其充电电流，要尽量选用较小的电流进行充电，过大的电流极其容易导致电池爆炸，因此在使用过程中要时刻注意电池内阻的大小。出于安全考虑，不建议使用过大内阻的电池，同时尽量避免无人时对电池进行充电。

（3）电池的串并联。电池串联是指电池和电池之间首尾相连，即第一节电池的正极接第二节电池的负极，第二节电池的正极接第三节电池的负极，依此类推。串联电压等于电池电压之和，电流等于流过每个电池的电流。电池组当中的一节电池损坏会造成整个电池组不能使用或是电压降低。

电池并联是指电池首首相连、尾尾相连。即所有电池的正极相连接作为整个电池组的正极，所有电池的负极相连接作为整个电池组的负极。并联电压等于单个电池电压，容量等于各电池容量之和。电池组的续航能力虽然增强了，但短路电流造成的破坏会更加严重。

（4）电池的使用环境。锂聚合物电池的使用环境对其循环使用寿命影响非常重大。其中，环境温度是十分重要的因素。环境温度过低或过高都会影响锂聚合物电池的循环使用寿命，需要对锂聚合物电池进行热管理才能提高电池的使用效率。

锂聚合物电池内部温度升高的主要原因是电池内阻引发的温度升高。另外，由于发热电池的密集摆放，中间区域热量聚集较多，而边缘区域较少，从而增加了锂聚合物电池中各单体之间的温度不均衡。

在低温环境下，随着温度的降低，锂聚合物电池的放电电压和放电容量均有所降低，尤其当温度为 $-20\ ℃$ 时，电池的放电容量和放电电压下降较快；电池容量在 $-10\ ℃$ 的环境下衰减较快，100 次循环后容量仅剩 59 mAh/g，容量衰减 47.8%。将在低温下放过电的电池在常温下进行充放电测试，观察其容量恢复性能。其容量恢复至 70.8 mAh/g，容量损失达 68%。由此可见，电池的低温循环对电池容量的恢复影响较大。锂聚合物电池充电是锂离子从正极脱出并经过电解液迁移嵌入负极材料的过程，锂离子向负极聚合，由六个碳原子俘获一个锂离子。在低温下，化学反应活性降低，同时锂离子迁移变慢，在负极表面的锂离子还没有嵌入到负极中就已经先还原成金属锂，并在负极表面沉淀析出形成锂枝晶，这容易刺穿隔膜而造成电池内短路，进而损坏电池，造成安全事故。

因此，在使用中需要注意调节锂聚合物电池温度，一般可采用内部调节、外部调节和升温调节三种方式。将温度传感器放置在温度变化幅度最大的位置，特别是最高温和最低温处,以及锂聚合物电池中心热量积累较高的位置。降温调节时,考虑到锂聚合物电池热管理结构的复杂性,大多数情况下采用结构简单的风冷方式对电池进行降温;最简单的升温调节就是在锂聚合物电池上添加加热板实行加热,还有就是在每个锂聚合物电池前后缠绕加热线或者将加热膜包覆在锂聚合物电池四周进行加热。

3. 电量的测量设备

无人机动力电池常用的直接测电器有 BB 响(低压报警器)、CellMeter 8 测电器等。如图 1-60 所示。

此外,也可以用充电器进行间接电压的测量,常用的充电器有 A6 充电器、ICharger 充电器等。如图 1-61 所示。

图 1-60 BB 响

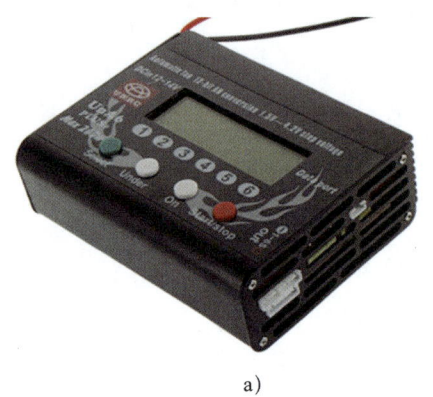
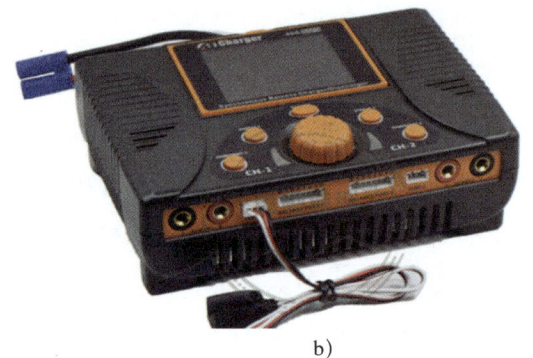

a) b)

图 1-61 充电器
a) A6 充电器 b) ICharger 充电器

操作技能

操作技能 3 电池的安装

一、操作准备

器材准备:无人机、若干电池、魔术贴、扎带。

二、操作步骤

步骤 1:将定位使用的勾面带胶魔术贴粘在多旋翼重心之上。如图 1-62 所示。

步骤2：将定位使用的绒面带胶魔术贴粘在动力电池下表面正中心。如图1-63所示。

图1-62　勾面带胶魔术贴

图1-63　绒面带胶魔术贴

步骤3：选取合适长度的动力电池魔术贴扎带，保证可以稳固贴合，同时又不至于过长。如图1-64所示。

步骤4：将电池通过定位魔术贴压实到机架之上；将魔术贴扎带绕过机架承力结构和电池，扎紧，贴合；扎带要将机体及电池多余的线缆全部扎进其中，防止飞行时和螺旋桨产生机械干涉。如图1-65所示。

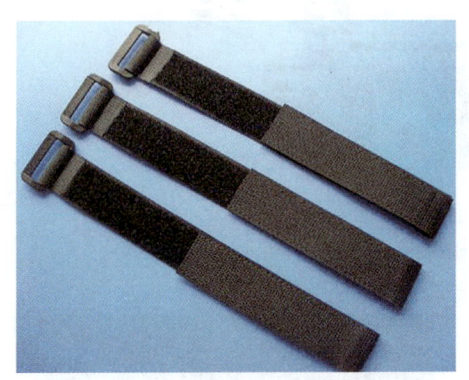

图1-64　魔术扎带

图1-65　电池的捆扎

步骤5：连接动力电池与机体上的XT60插头。如图1-66所示。

图1-66　XT60插头

操作技能 4　电量的测量

一、操作准备
器材准备：无人机、测电器、电池。

二、操作步骤
步骤 1：选择 CellMeter 8 测电器。如图 1-67 所示。

步骤 2：选择需要测量电压的动力电池。如图 1-68 所示。

步骤 3：将动力电池的平衡头插入测电器输入端。如图 1-69 所示。

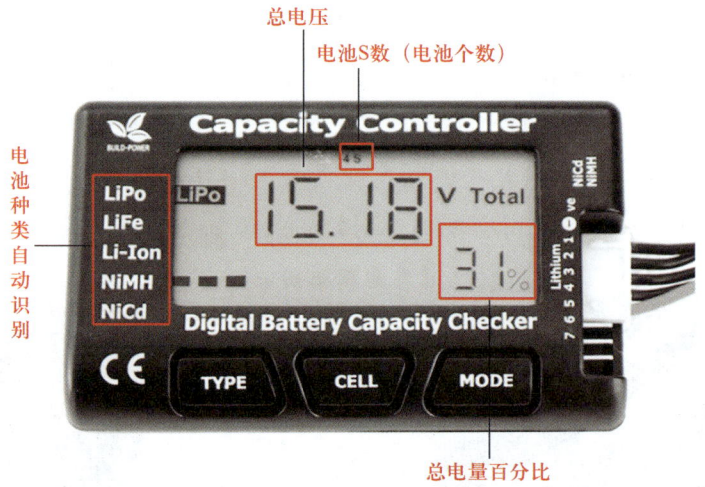

图 1-67　测电器

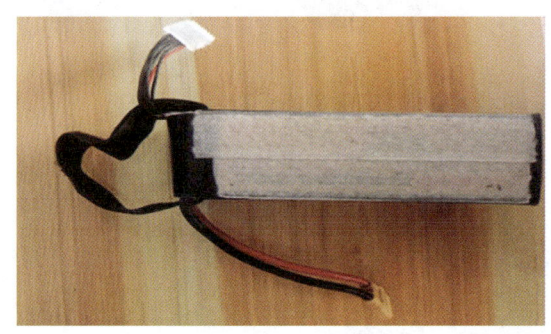

图 1-68　动力电池

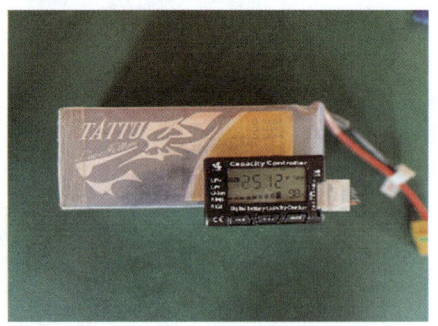

图 1-69　平衡头的连接

步骤 4：根据测电器显示进行读数，11.57 V 为电池当前总电压。如图 1-70 所示。

步骤 5：测量完成后，将动力电池平衡头拔出。如图 1-71 所示。

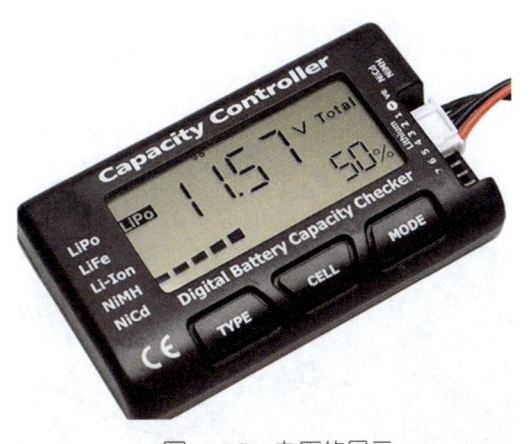

图 1-70 电压的显示

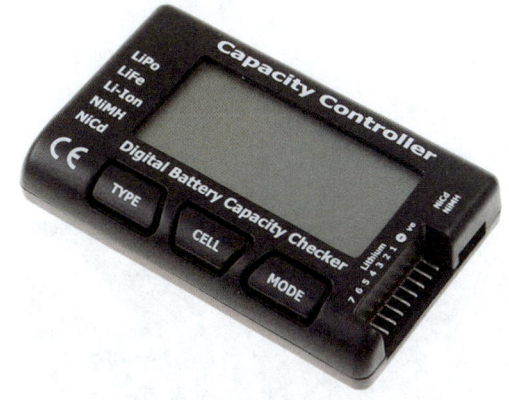

图 1-71 测电器的关闭

操作技能 5　智能电池的充电

一、操作准备

器材准备：无人机、智能充电器等。

二、操作步骤

步骤 1：连接无人机标配充电器到交流电源，然后打开顶部电源接口硅胶，将充电器方头接入充电管家的电源接口。如图 1-72 所示。

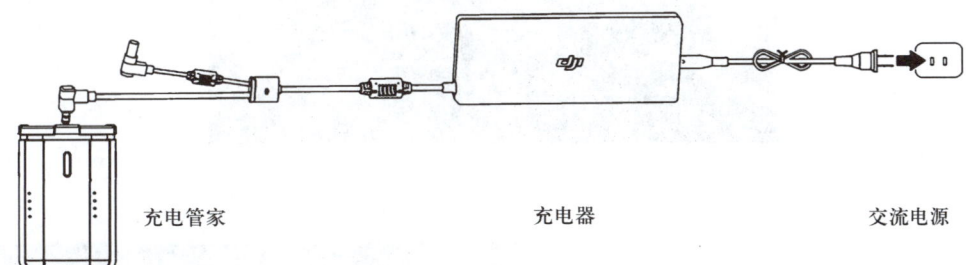

图 1-72 智能充电器的连接

步骤 2：按下充电器上方的保护壳/电池脱离按钮；将智能飞行电池插入充电接口，进行充电。如图 1-73 所示。

步骤 3：观察状态指示灯。绿灯闪烁，正在充电；绿灯常亮，充电完成。如图 1-74 所示。

步骤 4：如果红灯闪烁，代表充电异常；黄灯闪烁，代表电池温度过高；红灯常亮，代表智能飞行电池异常。如图 1-75 所示。

步骤 5：除了用灯闪烁提示电量外，智能充电器还可以用蜂鸣器提示，拨动蜂鸣器开关，就可打开蜂鸣器。充电过程中，蜂鸣器不响；所有电池充满后，蜂鸣器每分钟鸣响三次。如图1-76所示。

步骤6：充电器的固件也是需要升级的。连接充电管家电源，使用Micro USB线连接固件升级接口至计算机便可升级。如图1-77所示。

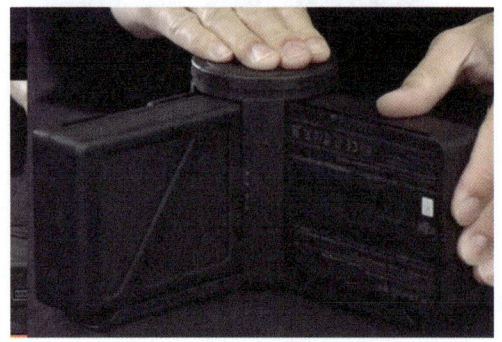

图1-73　插入智能电池

图1-74　智能电池充电指示灯

图1-75　智能电池指示灯异常排除

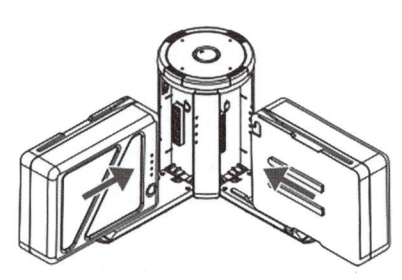

图1-76　充电完成

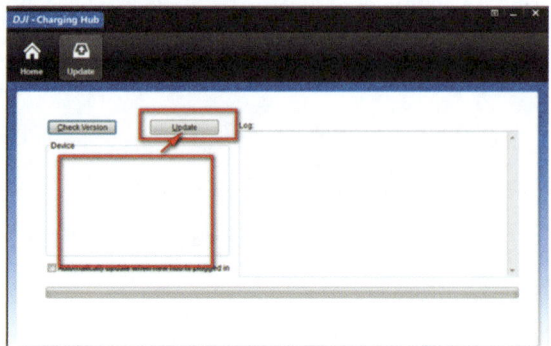

图1-77　充电器固件升级

三、机体完整性检查

1. 固定翼无人机主要组成部分

常规的固定翼无人机由机身、机翼、水平尾翼、垂直尾翼、起落装置和动力装置等部分组成。如图 1-78 所示。

图 1-78　固定翼无人机基本结构

（1）机身。机身的主要功能是装载燃料或动力电池以及相关电子设备。机身是承载机构，相关的机翼、垂直尾翼、水平尾翼以及起落装置等部分的结构都需要安装到机身上。

普通固定翼无人机的机身材质主要采用 EPO、EPP 和 EPS 等材质直接压铸成型；高端固定翼无人机的材质大多以轻木作为骨架，外部采用蒙皮的形式，主要由蒙皮、隔框、桁条、桁梁（大梁）等组成，如图 1-79 所示。

（2）机翼。机翼的主要功能是提供升力。通常固定翼无人机的机翼一般安装有副翼，有的还会安装襟翼。如图 1-80 所示，副翼的安装位置一般在机翼的后缘靠翼尖一侧，而襟翼的安装位置大多在机翼后缘靠近机身较内一侧。

靠近翼尖一侧的为副翼，其作用主要是控制固定翼无人机做滚转运动，如图 1-81 所示。靠近机身一侧的为襟翼，当襟翼放下时可以为机翼提供更大的升力，无人机通常在起飞、降落阶段放下襟翼，这样可以有效减小无人机起飞与降落时的滑跑距离。

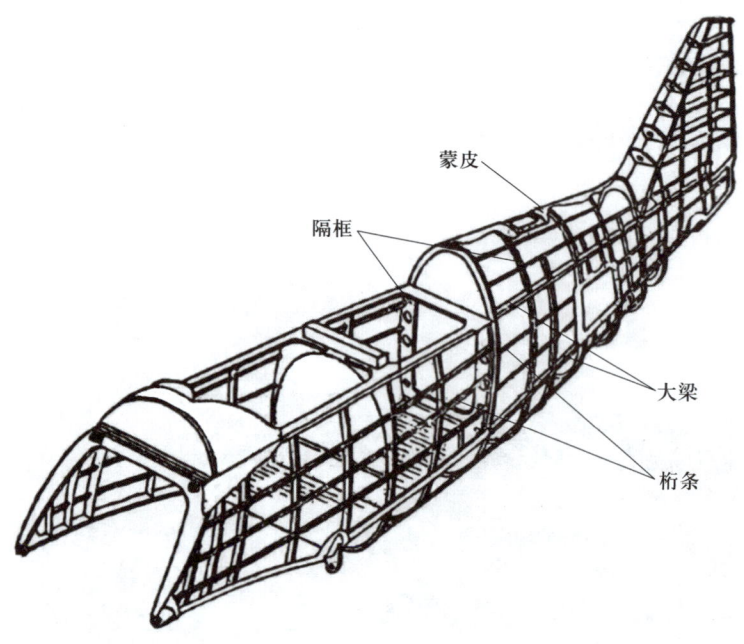

图1-79 机身的结构

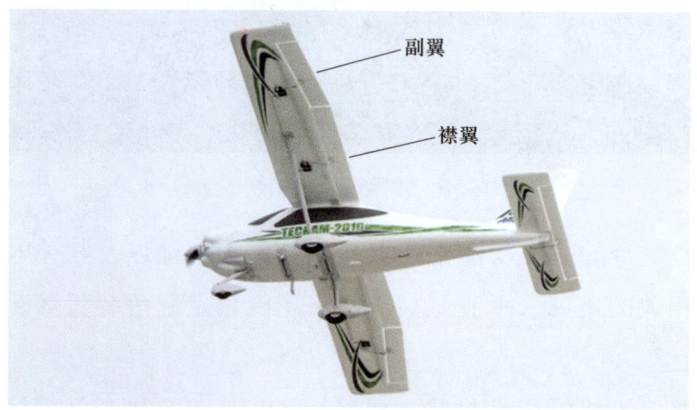

图1-80 副翼与襟翼

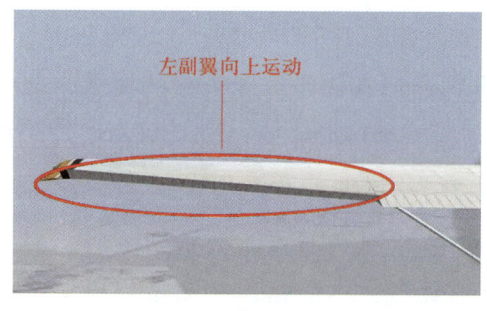
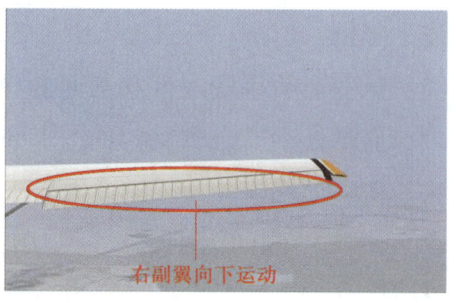

a) b)

图1-81 副翼产生滚转运动
a) 左副翼向上运动 b) 右副翼向下运动

（3）水平尾翼。水平尾翼如同一个缩小版本的机翼，如图 1-82 所示，水平尾翼与机翼最大的不同点就在于水平尾翼产生的气动力不用来克服飞机重力，而用来平衡机体的力矩。

图 1-82　水平尾翼

通常情况下，固定翼无人机的重心会在机翼气动中心（升力中心）的前方，围绕着重心，机翼升力始终都会产生一个沿逆时针方向的力矩，这个力矩不断作用于机体，这时需要一个额外的力矩来加以阻挠，这样飞机就不会始终处于低头向下的飞行状态，因此调整好水平尾翼的安装角度或相对于机翼的位置就可以使力矩得以平衡。如图 1-83 所示。

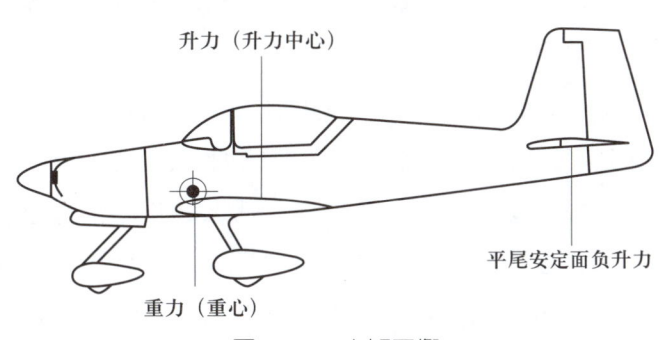

图 1-83　力矩平衡

水平尾翼还可以为飞行器提供另一个关键的稳定性能——纵向稳定性，如图 1-84 所示。

升降舵位于水平尾翼的后缘处，如图 1-85 所示。升降舵的作用主要是使机体产生俯仰运动。升降舵上偏，使气流对升降舵产生了垂直翼面向下的力，这个力产生了向下的力矩，使机尾向下转动，同时使机头向上转动。由于迎角增大，升力增大，所以在一定范围内，飞机会抬头爬升。如图 1-86 所示为升降舵朝上。

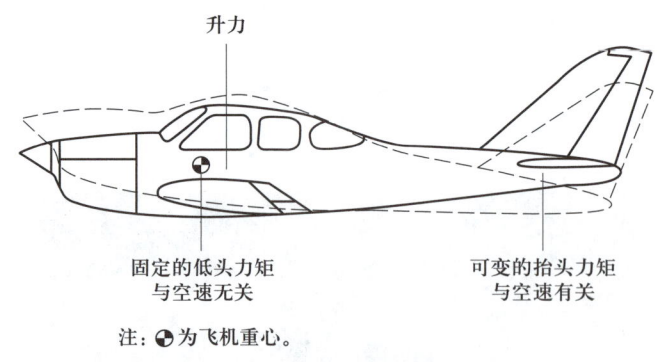

图1-84 水平尾翼提供的纵向稳定性

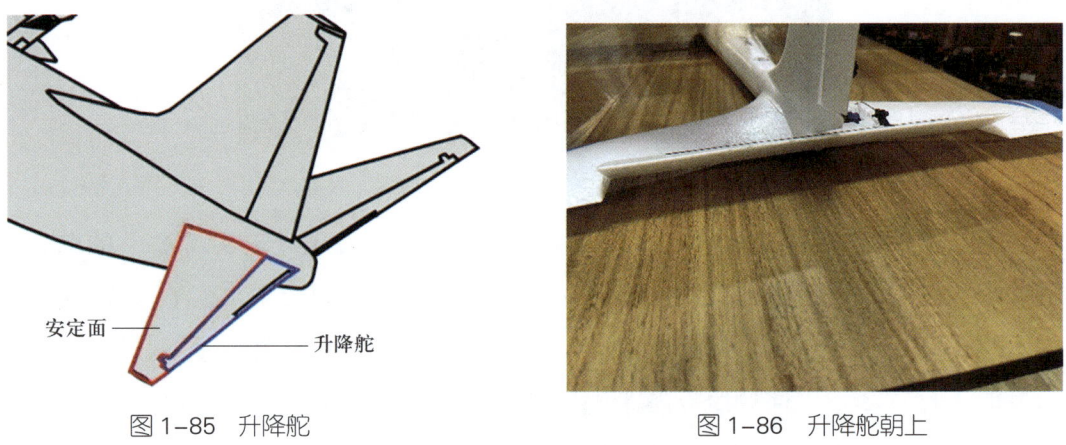

图1-85 升降舵　　　　　　　图1-86 升降舵朝上

（4）垂直尾翼。垂直尾翼同样提供了一种类似的飞行稳定性，这就是航向稳定性（见图1-87）。

当飞机平飞时突然受到侧向扰动，导致航向发生偏转，偏离了原先的飞行方向，此时，由于垂直尾翼相对于气流的迎角突然加大，从而产生了较大的气动力，这一气动力的方向恰好就是侧向扰动的方向。那么，相对于重心，垂直尾翼就产生了一个相反方向的恢复力矩，使得飞机机头反向运动，恢复到原来的航向上。这种恢复能力就称为"航向稳定性"。与纵向稳定性一样，恢复的时间越短，无人机的航向稳定性则越好；反之则越差。

方向舵是设计在垂直尾翼上的操作舵面，它通过改变垂直尾翼舵面的左右偏转来控制飞行器的航向变化。如图1-88所示。

当方向舵左偏时，舵面受空气施加的向右后方的压力，此压力产生力矩，使机尾绕向右旋转，同时机头向左旋转，由于速度方向未改变，所以飞机会发生偏航。这个动作在风中校正航向和转弯时用来消除不正常偏航，需要注意的是，该动作不是飞机转弯的主要原因。

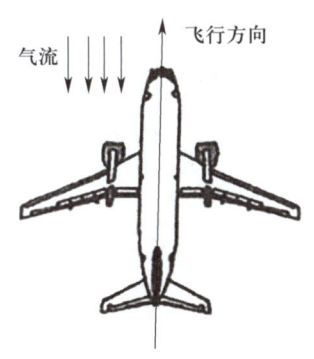
图 1-87 垂直尾翼提供航向稳定性

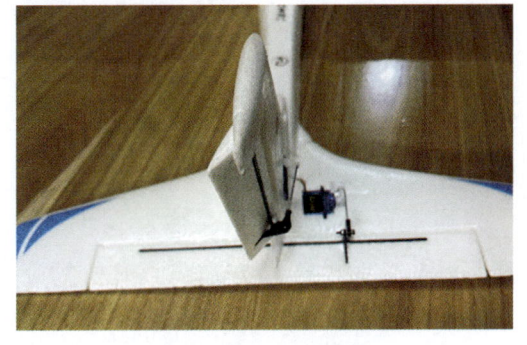
图 1-88 航向运动

（5）起落装置。起落装置的主要功能是支撑无人机在地面上的活动，包括起飞和着陆滑跑、滑行、停放。无人机的起落装置一般由支柱、减振器、机轮和收放机构等部分组成，如图 1-89 所示。

（6）动力装置。动力装置的主要功能是产生拉力或推力，使无人机产生相对于空气的运动。目前固定翼无人机的动力装置主要采用电动机和活塞式发动机两种形式。对于较大的固定翼无人机而言，活塞式发动机更能满足需求。而对于小型的民用无人机来说，由于活塞式发动机的维护性和实用性相对于电动机更加复杂，因此多采用电动机作为主要动力方式。如图 1-90 所示。

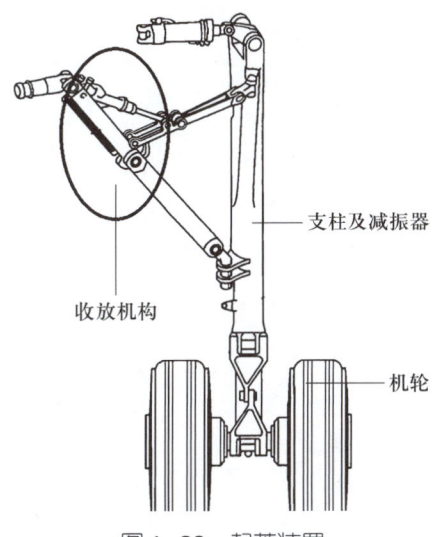
图 1-89 起落装置

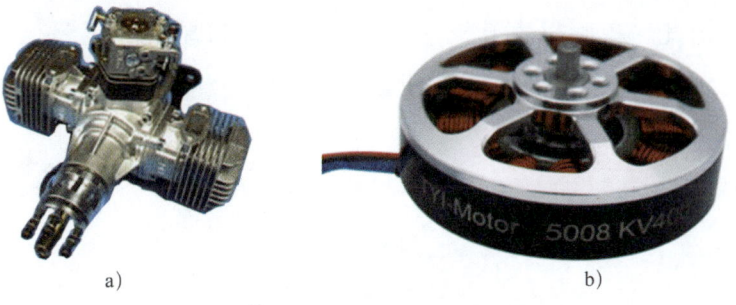
图 1-90 活塞发动机和电动机
a）活塞发动机　b）电动机

2. 无人直升机主要组成部分

无人直升机主要组成部分包括主旋翼、尾翼、机身、起落架、动力系统、飞控系统等，其中机身结构、动力系统以及飞控系统等和固定翼无人机并无本质区别。以下主要重点介绍无人直升机的主旋翼、尾翼、传动系统的结构和特点。

（1）主旋翼。主旋翼是一个能量转换部件，其基本功能是把发动机通过旋翼轴传来的旋转动能转换成旋翼拉力。在飞行过程中，拉力的一部分用于支撑直升机，起升力作用，另一部分则为直升机的运动提供动力。

通常直升机的旋翼是由旋翼轴、桨毂和桨叶组成的。旋翼的结构形式主要是指桨叶与桨毂的连接方式，直升机的旋翼结构形式有很多种。

桨叶绕水平铰可以上下活动，可以绕垂直铰做前后活动，绕轴向铰也可以转动。桨叶绕水平铰的活动称为挥舞运动，绕垂直铰的活动称为摆阵运动，绕轴向铰的转动称为变距运动（变距即变桨距或螺距）。如图1-91所示。

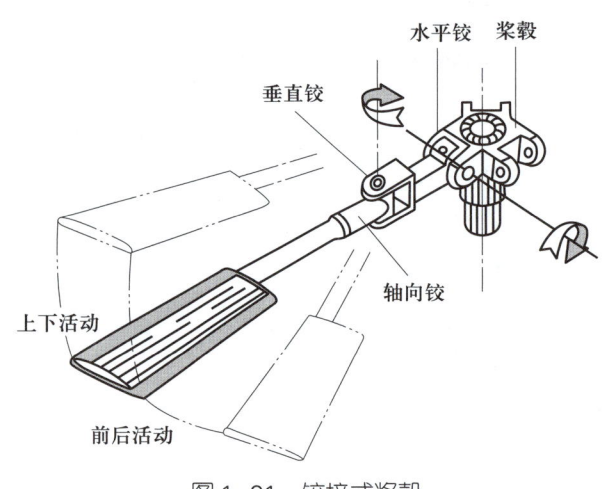

图1-91 铰接式桨毂

（2）尾翼。对于大多数采用单旋翼的直升机，飞行过程中平衡主旋翼力矩是非常重要的，因此，单旋翼直升机一般都需要配置带尾桨的尾翼。这种尾翼通常包括垂直安定面、水平安定面和设置于垂直安定面一侧的尾桨，如图1-92所示。

图1-92 单旋翼尾桨形式

单旋翼直升机的旋转方式分为两种：顺时针旋转和逆时针旋转。不论哪一种旋转方式，直升机尾翼、尾桨都需要提供不同方向的平衡力矩。直升机尾桨一般分为两叶桨和四叶桨，除此之外，也可以采用桨叶数量较多的涵道式尾桨。在实际应用中，绝大多数无人直升机采用最简单的两叶尾桨。

（3）传动系统。传动系统是将发动机的动力传递给主旋翼和尾桨的重要动力部件。直升机传动系统能够使主旋翼转动来产生升力，使尾桨协调转动来平衡扭矩，是直升机最重要的系统之一，如图1-93所示。

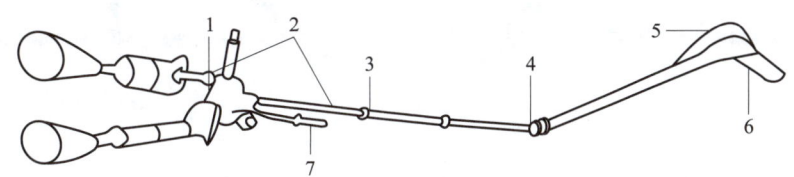

图1-93 传动系统
1—主减速器 2—尾传动轴 3—尾传动轴支座 4—中间减速齿轮
5—尾减速齿轮 6—尾轴 7—传动附件

3. 多旋翼无人机主要组成部分

多旋翼无人机主要由机身、动力系统、飞行控制系统、链路系统和任务载荷系统五部分组成。

（1）机身。多旋翼无人机按轴数可分为四轴、六轴和八轴等。按旋翼布局分X型、Y型、十字型和H型。由于X型结构的任务载荷前方的视野更加开阔且控制灵活，所以在实际应用中多旋翼大多采用X型布局。如图1-94所示。

机身所用材料多为碳纤维材料。碳纤维材料具有刚度强、硬度高以及密度小的特点，可以有效减轻整体机身的重量。

轴距是多旋翼无人机的重要尺寸参数，是指多旋翼无人机两个驱动轴轴心的距离，即对角线上的两电动机轴心的距离。轴距的大小限定了螺旋桨的桨距尺寸上限。如图1-95所示。

（2）动力系统。多旋翼无人机动力系统主要由螺旋桨、电动机、电调和电池等组成。螺旋桨通过自身旋转将电动机转动功率转化为动力的装置。在整个飞行系统中，桨叶主要起到提供飞行所需动能的作用，按材质一般可分为尼龙桨、碳纤维桨和木桨等。图1-96所示为木桨。

电动机是依据电磁感应定律将电能转化为机械能的装置，通常也称为"马达"。根据电源的不同可分为直流电动机和交流电动机，直流电动机又有无刷

图 1-94 机身

图 1-95 轴距

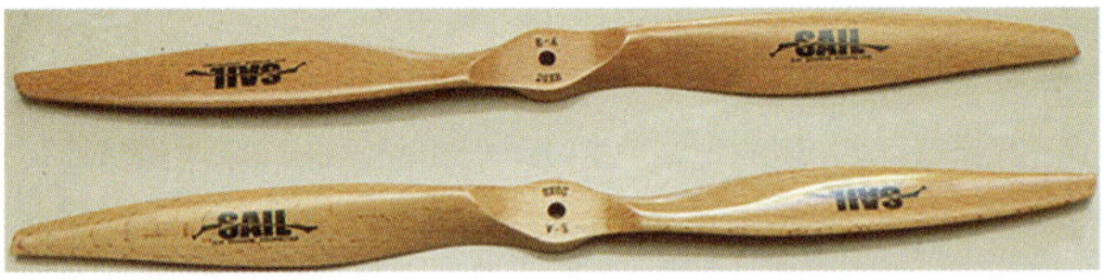

图 1-96 木桨

电动机和有刷电动机两种,多旋翼无人机常用无刷电动机。无刷是指无换向器,无整流子,其特点是低干扰,低噪声,运转流畅,并且使用寿命较长,可控性强。

选择电动机的一个重要指标就是它的 KV 值。KV 值是无刷电动机的转速参数,是指无刷电动机工作电压每提升 1 V,电动机所增大的转速值。通常来说,KV 值越高,转速越快。如图 1-97 所示。

电调,全称电子调速器(ESC:Electronic Speed Controller)。电调也分为无刷电调和有刷电调,与无刷电动机配套。无刷电调输出线(有刷两根,无刷三根)与电动机连接,输出三相交流电,可改变电动机正转和反转。电调的参数要根据电动机的参数来合理选择,通常情况下就是参照电动机的功率来选择电调。如图 1-98 所示。

电池是将化学能转化成电能的装置。在整个飞行系统中,电池作为能源储备,为整个动力系统和其他电子设备提供电力来源。目前,在多旋翼无人机上一般采用普通锂电池或者智能锂电池。如图 1-99 所示。

(3)飞行控制系统。常用民用无人飞行控制器,如

图 1-97 无刷电动机

图 1-100 所示，飞行控制器通常与惯性测量单元（IMU）、气压计、磁罗盘等元器件共同组成飞行控制系统。在飞行器飞行过程中，飞行控制器感知飞行器的飞行高度、速度、角度及位置信息，按照预先设定好的飞行计划或临时接收的飞行指令，控制飞行器的不同系统做出相应的动作。

图 1-98　无刷电调

图 1-99　锂电池

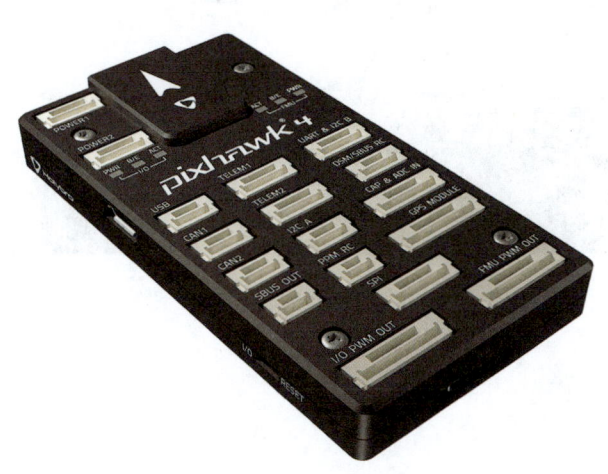

图 1-100　飞行控制器

（4）链路系统。链路系统主要包括数据传输模块和图像传输模块。常用无人机数据传输模块，如图 1-101 所示。

图像传输模块是无人机的一个比较重要的模块，简称图传。常用图像传输模块如图 1-102 所示。

（5）任务载荷系统。无人机任务载荷系统是指那些装配到无人机上以完成某种任务而挂载的相关设备系统。部分民用无人机制造商采用可拆卸和可替换的任务载荷，如图 1-103 所示。

图 1-101　常用数据传输模块　　　　　　图 1-102　图像传输模块

图 1-103　无人机可搭载的任务载荷

操作技能

操作技能 6　检查清单的制作

一、操作准备

器材准备：无人机、计算机。

二、操作步骤

步骤 1：根据无人机的性能和注意事项制作静态飞行平台检查清单，示例见表 1-6。

表 1-6　静态检查清单

检查项目	检查内容	检查结果
机体外观	逐一检查机身、机翼等有无损伤,尤其是修复过的地方应重点检查	
连接机构	机臂与机身连接件的强度应正常,连接结构部分无损伤	
执行机构	逐一检查固定螺钉等有无损伤、松动和变形	
螺旋桨	无损伤,紧固螺栓须拧紧	
电池	应逐一检查飞行器电池、相机电池、遥控器电池是否有充足电量	
机载天线	接收机、GPS、飞行控制器等机载设备的天线安装牢固,接插件连接牢固	
起落架	外形应完好,与机身连接牢固	
飞行器总体	重心位置前后左右平稳,无人机落地姿态平稳	
检查人签字		

步骤 2:根据无人机的性能和注意事项制作通电检查清单,示例见表 1-7。

表 1-7　通电检查清单

检查项目	检查内容	合格(打√)
地面站设备	地面站设备运行应正常	
设计数据	检查设计数据是否正确,包括调取的底图、整个飞行航线是否闭合,各航路点相对于起飞点的飞行高度,单架次航线总长度	
数据传输系统	地面站至机载飞行控制系统的数据传输、指令发送应正常	
信号干扰情况	机载设备工作状态是否正常,有无被干扰现象	
遥控器	发射通道设置正确;遥控通道控制正常,各舵面响应(方向、量)正确;遥控器的控制距离正常;遥控和自主飞行控制切换正常	
飞行控制系统	检查 GPS 定位、卫星失锁后的保护设置;检查机体静态情况下的陀螺零点;转动飞机(偏航、侧滚、俯仰),观察陀螺、加速度计数据的变化;检查高度、空速的工作状态	
数据发送与回传	将设计数据从地面站上传到机载飞行控制系统并回传,检查上传数据的完整性和正确性	

步骤3：根据无人机的性能和注意事项制作飞行后检查清单，示例见表1-8。

表1-8 飞行后检查清单

日期： 填表人：

测量区	地点						
飞行器	飞行器型号		编号		导航设备		
载荷	载荷型号		载荷编号		测量参数		
天气	天气状况		水平能见度		垂直能见度		
机组	操控手		地面站人员		机械师		飞行架次
飞行平台使用记录	起飞时间		降落时间		飞行时间		时间累计
飞控使用记录	开机时间		关机时间		使用时间		时间累计
接收机使用记录	通电时间		关电时间		使用时间		时间累计
电池性能	充电日期		起飞前电压		降落后电压		
任务规划	位置信息	经度		纬度		高度	
	目标航点坐标						
	起飞位置						
	降落位置						
备注：							

操作技能7 无人机完整性检查

一、操作准备

器材准备：多旋翼无人机。

二、操作步骤

步骤1：螺旋桨和电动机的检查，如图1-104所示。

（1）检查螺旋桨是否安装牢固，有无破损。

（2）检查电动机运转是否顺畅。

图 1-104　螺旋桨和电动机的检查

步骤 2：检查折叠机臂固定螺钉是否松动。如图 1-105 所示。

步骤 3：检查折叠机臂锁扣是否旋紧锁死。如图 1-106 所示。

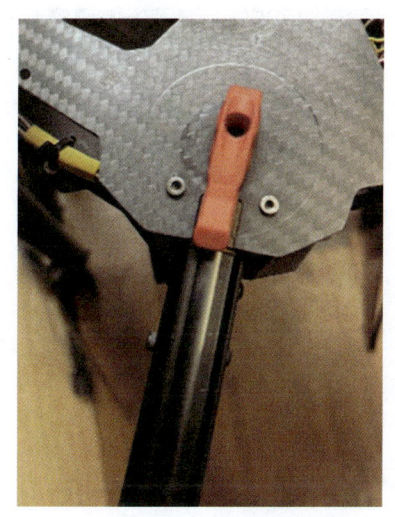

图 1-105　机臂的检查　　　　　　图 1-106　机臂锁扣

步骤 4：检查中心板上下固定螺钉有无松动脱落。如图 1-107 所示。

步骤 5：电池的检查，如图 1-108 所示。

（1）检查电池固定螺钉是否松动。

（2）检查电池绑定是否有断裂隐患。

步骤 6：检查 GPS 天线指向性是否发生偏转。如图 1-109 所示。

步骤7：检查飞控各线束插头是否安装牢固。如图1-110所示。

（1）检查电池固定螺钉是否松动。

（2）检查电池绑定是否有断裂隐患。

图1-107　螺钉

图1-108　电池的检查

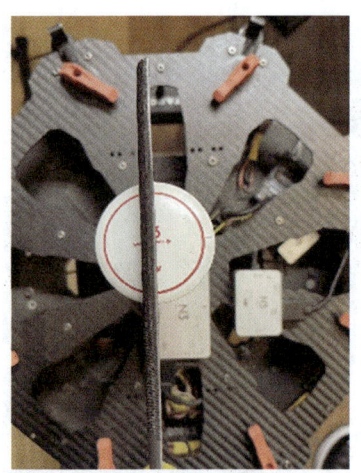

图1-109　GPS天线的修正

图1-110　线路的检查

四、模式识别与对频

1. 无人机飞行模式介绍

无人机常用的飞行模式有第一视角、第三视角、无头模式和航线模式等。

（1）第一视角。第一视角模式，英文名称为FPV模式，是基于无人机上加装无线摄像头回传设备，在地面看屏幕操控模型的一种操作视角模式。该模式主要用于航拍和穿越机的比赛。如图 1-111 所示。

（2）第三视角。第三视角模式，属于常用的飞行模式。简单来说，该模式下人在地面通过眼睛的观察，直接对无人机进行操作。如图 1-112 所示。

图 1-111　第一视角模式

图 1-112　第三视角模式

（3）无头模式。无头模式下，以操控者所在位置定位前后左右为方向，无人机飞行时，无论无人机头尾朝向，均以操控者定位方向为准，不用关心无人机的机头方向。如图 1-113 所示。

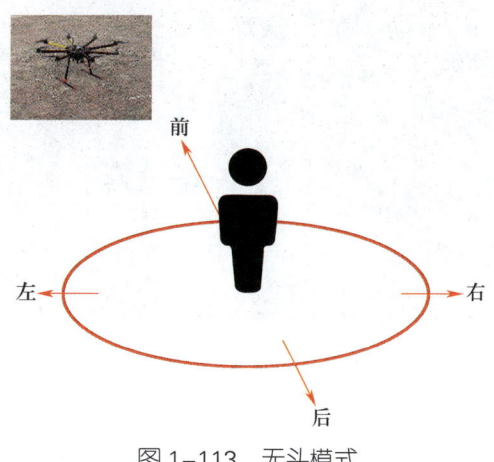

图 1-113　无头模式

（4）航线模式。航线模式是指利用地面站并通过规划航线而由无人机自动完成航线的飞行模式。如图 1-114 所示。

2. 无人机飞行控制模式介绍

无人机常用的飞行控制模式有 GPS 模式、姿态模式和手动模式。

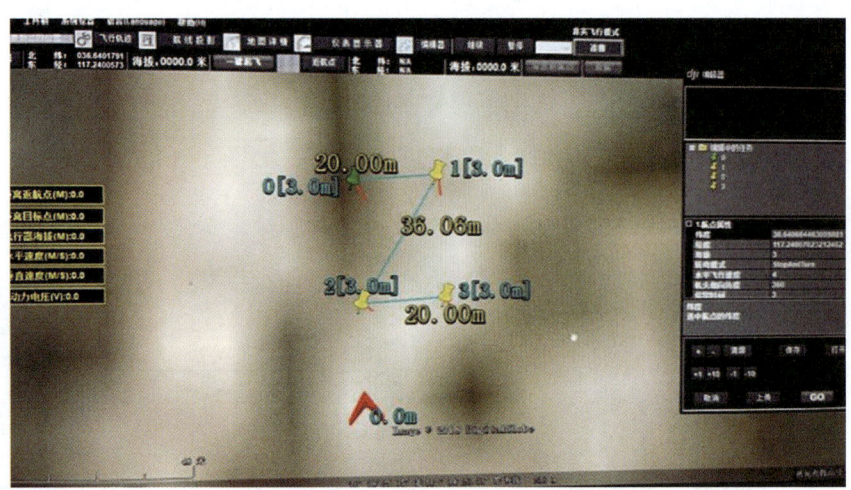

图 1-114　航线模式

（1）GPS 模式。GPS 模式也称 P 模式，该模式必须有 GPS 系统模块，该模式除了能自动保持飞行器的姿态平稳外，还具备精准定位的功能，飞行器能实现定位悬停、自动返航降落等功能。如图 1-115 所示。

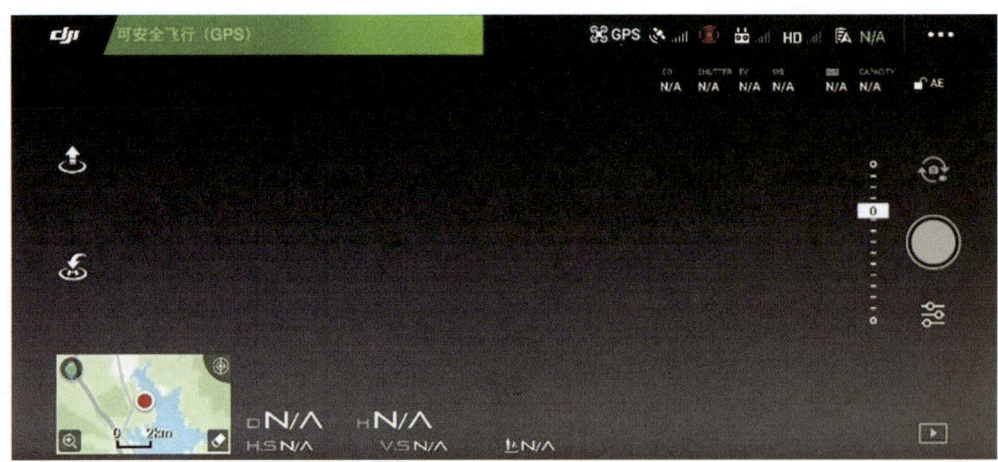

图 1-115　GPS 模式

（2）姿态模式。姿态模式也称 A 模式，该模式适合于没有 GPS 信号或 GPS 信号不佳的飞行环境，该模式能实现自动保持飞行器姿态和高度，但是不能实现自主定位悬停。因为没有了 GPS 的地理位置信息，飞行器在此模式下将持续不稳定地进行漂移，无法稳定悬停在某一点。

姿态模式的操作难度大于 GPS 模式，因为飞行器会不断地进行漂移，所以需要进行人工调整。如图 1-116 所示。

职业模块 1　飞行准备

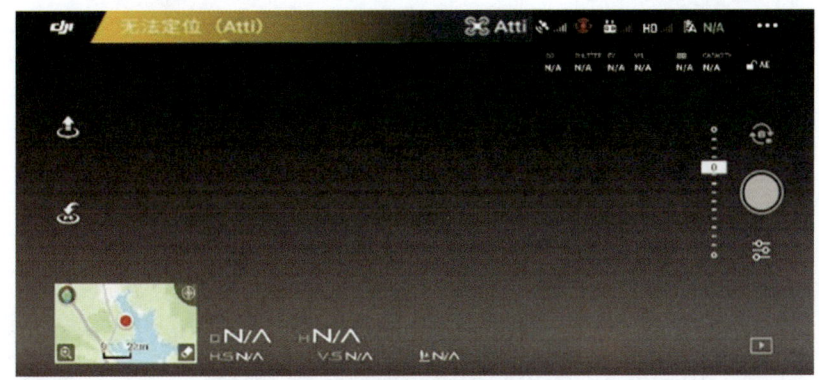

图 1-116　姿态模式

（3）手动模式。手动模式下飞行器的飞控系统基本停止动作，系统不会自动保持飞行姿态和高度的稳定，完全由操作人员手动控制飞行器，除非操纵技能非常熟练，否则很难操纵飞行器，新手切勿尝试。

操作技能

操作技能 8　飞行控制模式的设置

一、操作准备

器材准备：无人机、遥控器、地面站软件。

二、操作步骤

步骤 1：设置遥控器开关。给遥控器上电，在遥控器上设置一个三位开关作为控制模式开关，其中两个挡位默认为 GPS 姿态模式和姿态模式，还有一个挡位可选择设置成姿态模式或者手动模式。初学者请勿使用手动模式。如图 1-117 所示。

步骤 2：开关的显示。拨动控制模式开关到 3 个不同的挡位，分别为 3 个不同的控制模式。如图 1-118 所示。

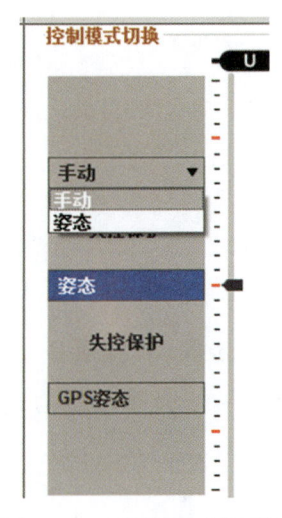

图 1-117　控制模式的切换

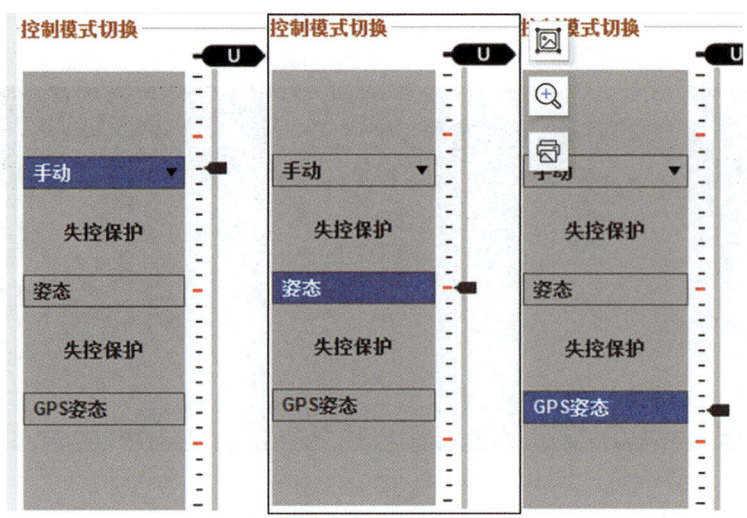

图 1-118 飞行模式的选择

步骤 3：失控保护的设置。关闭遥控器，调参软件中的光标将指向控制模式区域之外的任一区域，表示无人机处于失控状态。图 1-119 所示为失控保护模式的设置。

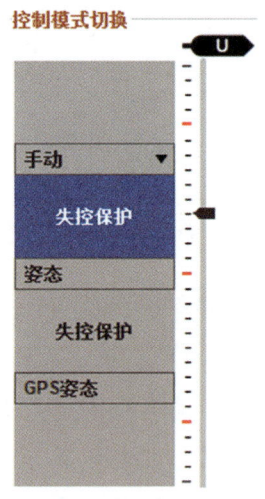

图 1-119 失控保护模式的设置

步骤 4：设置成功的判断。

以上设置步骤均成功则表示控制模式开关设置成功。

五、起降环境检查

无人机的起飞和降落过程相较于巡航是最容易出问题的两个环节,因此选择合适的起飞和降落环境显得十分重要。选择合理的起飞和降落环境,一方面是要注意物理上相对空旷的环境,另一方面是要注意肉眼看不见的电磁环境。因此,这就要求我们掌握"看得见"和"看不见"的两个能力。

1. 起飞环境的选择

选择飞行条件良好的场地:空旷无遮挡、无电线,周围没有手机基站、WiFi、高压电线、电子围栏等干扰。要提前在计算机卫星图上观察选取的地点,并记下周边建筑物的大致高度和方位,做到心中有数,保证天线能实时对准无人机,且彼此之间无遮挡。与此同时,也可提前确定兴趣点,这样无人机升空后就能直奔兴趣点,提高效率。

2. 降落环境的选择

如果场地允许,应配合 Z 字形下降路线,尽量避免垂直下落;降落前疏散围观人群。条件允许的条件下,尽量在无人的地方降落。

常规小型滑跑式起降固定翼无人机应考虑风的影响,要迎风降落,适当收小油门杆量并用升降舵辅助完成阶梯式降高,全程控制好无人机的航向和滚转角度,保证无人机安全降落到跑道上。

除此之外,常规小型滑跑式起降固定翼无人机降落区域需要选择四周空旷、相对柔软且无石块等硬物的田地,尽量避免在水泥路面的硬着陆;直升机、多旋翼、其他类无人机对场地限制较小,应保证所用降落区域平整且无较大的灰尘和砂石颗粒。

3. 起降环境检查操作

(1)恶劣天气下请勿飞行,如大风(风速五级及以上)、下雪、下雨、有雾天气等。

(2)选择开阔、周围无高大建筑物的场所作为飞行场地。大量使用钢筋的建筑物会影响指南针工作,而且会遮挡 GPS 信号,导致飞行器定位效果变差甚至无法定位。

(3)飞行时,请保持在视线内控制,远离障碍物、人群、水面等。

(4)请勿在有高压线、通信基站或发射塔等干扰物的区域飞行,以免遥控器受到干扰。

（5）在海拔 6 000 m 以上区域飞行，由于环境因素导致飞行器电池及动力系统性能下降，无人机飞行性能将会受到影响，请谨慎飞行。

（6）在南、北极圈内无人机无法使用 GPS 模式飞行，可以使用姿态模式与视觉定位系统飞行。

操作技能

操作技能 9　起飞前环境检查

一、操作准备

器材准备：无人机、测风仪、手机端 App。

二、操作步骤

步骤 1：周边环境检查。地面平整干燥。地面纹理比较清晰，且反差较大。四周开阔无遮挡，远离建筑、山体、人群和电线。

步骤 2：确认风速。确认地面风速和风向是否适合起飞，如果不确定可以借助风速表。以"御"Mavic Pro 为例，在风力大于或者等于 5 级风的环境下，不建议起飞。风速表如图 1-120 所示。

步骤 3：取下卡扣。取下云台的卡扣，防止造成云台电动机过载。如图 1-121 所示。

图 1-120　风速表

图 1-121　卡扣

步骤 4：按顺序开机。在起飞时，先打开遥控器，再打开无人机，保障飞行安全。

步骤 5：设定返航高度。参考附近最高的建筑物，设置好合适的返航高度，确保无人机能够安全返航。如图 1-122 所示。

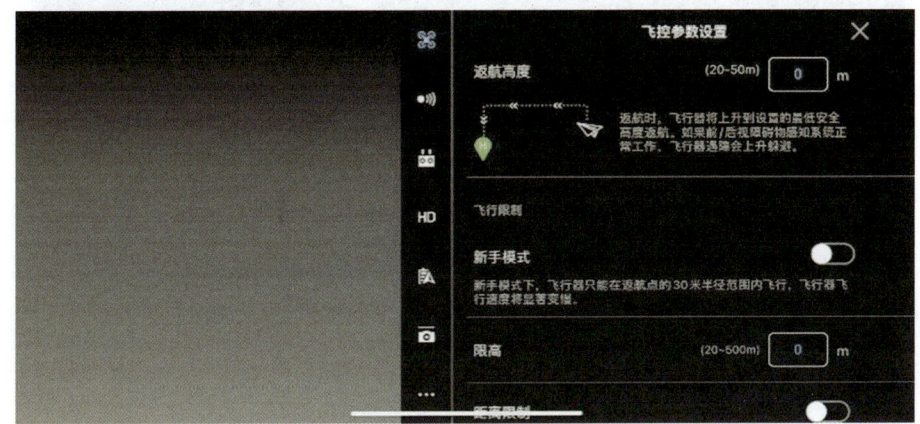

图 1-122　返航高度的设定

步骤 6：检查飞行模式。根据周边飞行环境，如果 GPS 信号良好，优先以 GPS 模式或者 P 模式起飞；如果 GPS 信号不好，在操控技术良好的前提下，选择姿态模式或者 A 模式起飞。

步骤 7：检查指南针。起飞时，应远离电磁干扰源，检查指南针是否运行正常。当指南针显示异常时，需校准好指南针再起飞，否则容易导致无人机失控。如图 1-123 所示。

图 1-123　指南针的检查

步骤 8：起飞前预热。起飞前，可先启动电动机预热一会儿再起飞，观察电动机转动是否正常。同时，检查无人机 GPS 信号强度（至少 6 颗卫星以上）和返航点是否已经刷新。如图 1-124 所示。

图 1-124 信号强度的显示

操作技能 10　降落后环境的检查

一、操作准备

器材准备：无人机、测风仪、手机端 App。

二、操作步骤

步骤 1：确定无人机当前位置和方位。

步骤 2：查看手机端 App 无人机当前的剩余电量，判断是否具备返航条件。如果电量不足以返航，选择就近降落。

步骤 3：返航。

方式一：视野良好，操控技术过硬，手动返航。

方式二：通过手机端 App，实现自动返航功能。

方式三：通过遥控器发射端，实现自动返航功能。

注：在执行自动返航过程中，如果返航时无人机的高度低于设置的返航高度，则将无人机先升到设置的返航高度后返航。如果返航时无人机的高度高于设置的返航高度，则无人机直接在当前高度返航。

步骤 4：降落。降落至最后几米时，将无人机的云台抬起至水平状态，以避免无人机降落时镜头磕碰到地面。等降落到地面后，先关闭无人机，再关闭遥控器，以确保无人机能时刻接收到遥控信号，确保飞行安全。

职业模块 ❷
飞行实施

培训课程 1　GPS 模式下飞行稳定控制
　　　学习单元　模拟飞行
培训课程 2　GPS 模式下简易航线飞行
　　　学习单元　实际飞行

培训课程 1

GPS 模式下飞行稳定控制

学习单元　模 拟 飞 行

一、无人机单通道控制悬停

1. 姿态

物体在空间具有六个自由度，即沿 X、Y、Z 三个直角坐标轴方向的移动自由度（位置）和绕这三个坐标轴的转动自由度（姿态）。因此，要完全确定物体的状态，就必须清楚这六个自由度，如图 2-1 所示。对应于无人机上，我们将绕横轴转动称为俯仰，绕纵轴转动称为横滚，绕立轴转动称为偏航。

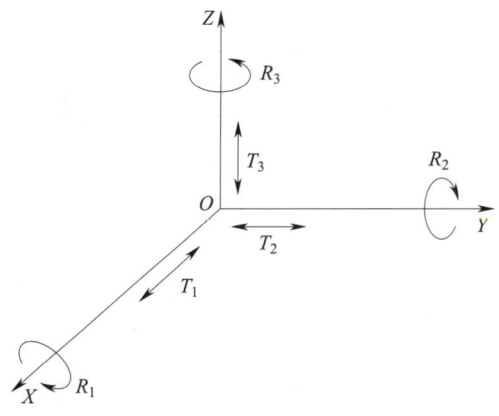

图 2-1　姿态量和位置量

2. 美国手与日本手

（1）美国手与日本手的操作方式。美国手遥控器的左摇杆负责无人机的上升下降、原地顺时针/逆时针旋转；遥控器的右摇杆，负责无人机在水平位置上的前后左右移动。日本手左摇杆负责无人机的前进后退、原地顺时针/逆时针旋转；遥控器的右摇杆负责无人机的上升下降和左右移动。对于初学无人机操作的新手来讲，美国手更加直观，飞多旋翼无人机更容易上手。对于部分已经习惯于用日本手飞固定翼无人机的熟练操作者来讲，用日本手飞多旋翼无人机则更顺手一些。美国手、日本手的操作对比如图 2-2、图 2-3 所示。

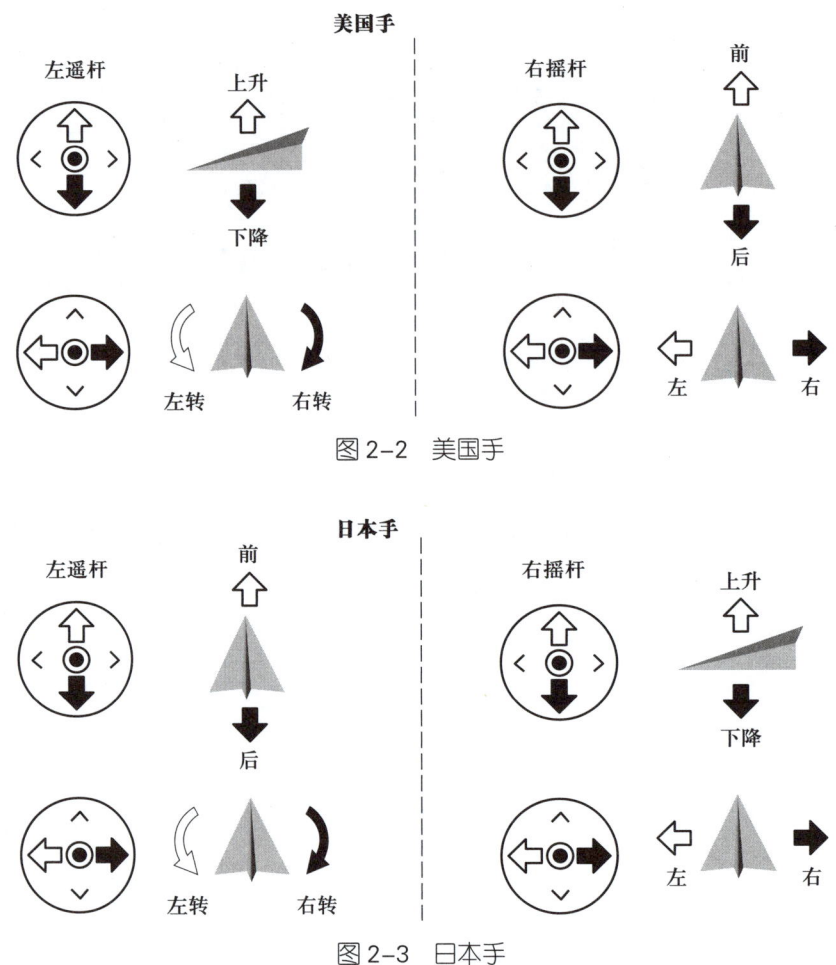

图 2-2 美国手

图 2-3 日本手

（2）美国手操作对应多旋翼的变化。上推油门摇杆，多旋翼上升；下拉油门摇杆，多旋翼下降。左压方向摇杆，多旋翼逆时针旋转；右压方向摇杆，多旋翼顺时针旋转。上推俯仰摇杆，多旋翼向前；下拉俯仰摇杆，多旋翼向后。左压滚转摇杆，多旋翼向左；右压滚转摇杆，多旋翼向右。所有操作都是杆量越大动作越快。如图 2-4 所示。

3. 遥控器通道介绍

第一通道一般指副翼（Aileron），用来控制固定翼的两片副翼，以改变无人机的姿态。在多旋翼无人机系统中，副翼用来控制和改变机身横滚方向的姿态变化。

第二通道指升降（Elevator），用来控制固定翼的水平尾翼，使机身抬头和低头，从而实现无人机的上升下降。多旋翼的升降通道是用来控制机身前进与后退的。美国手的右边摇杆向上推，机身向前飞行；向下拉，机身向后退。日本手则是左边摇杆的上下控制无人机的前进与后退。

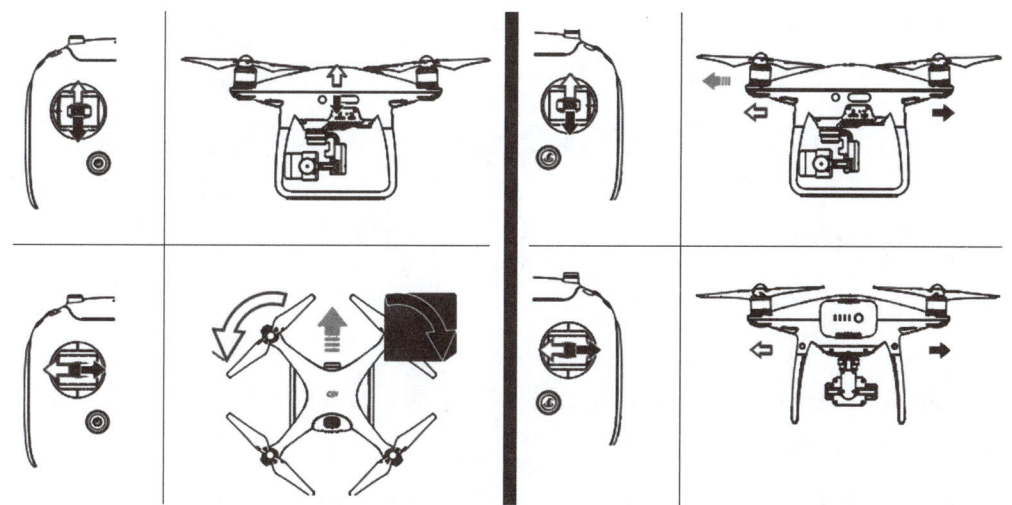

图 2-4　操作量与多旋翼运动

第三通道指油门通道（Throttle），用来控制发动机或电动机转速。美国手是左边摇杆的上下控制油门大小，摇杆向上推，电动机转速增加，固定翼无人机飞行速度增加，多旋翼无人机则是向上拉升。日本手遥控器的右边摇杆的上下是用来控制油门输出的。

第四通道指方向舵（Rudder），固定翼无人机的方向舵是用来控制垂直尾翼的，从而改变机头朝向。多旋翼无人机的方向舵也是用于改变机头朝向的，只是我们在飞无人机的时候，更直观的感受是机身在做自旋转，所以，我们平时也称方向舵为"旋转"。美国手用左边摇杆左右摆动控制机头朝向，这一点与日本手是一样的。如图 2-5 所示。

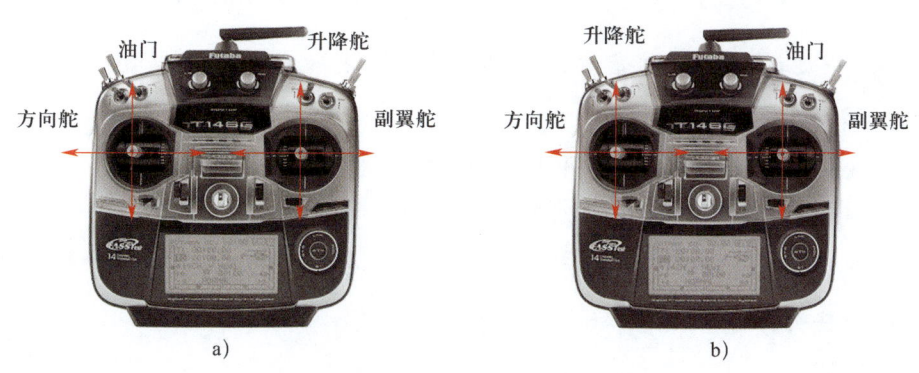

图 2-5　美国手与日本手
a）美国手　b）日本手

操作技能

操作技能 1　消费级多旋翼无人机 GPS 模式下左右飞行

一、操作准备

器材准备：消费级多旋翼无人机。

二、操作步骤

步骤 1：短按一次，再长按遥控器（飞行器）电源按键，打开遥控器（飞行器）。如图 2-6 所示。

步骤 2：开启地面站软件 App。查看并将遥控器挡位开关置于 P 模式下。如图 2-7 所示。

图 2-6　开机

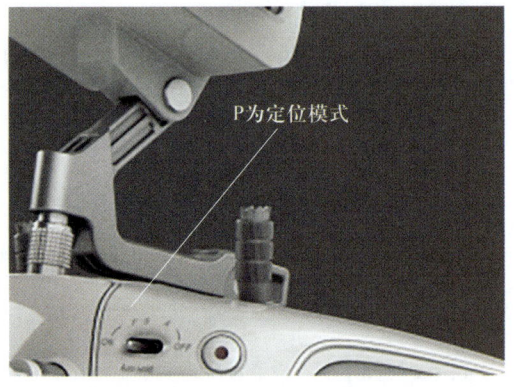

图 2-7　P 模式的设置

步骤 3：通过 App 界面查看卫星颗数是否在 8 颗以上；点击 App 界面一键起飞按键；在对话框内向右滑动光标，飞行器离地。如图 2-8 所示。

步骤 4：滚转摇杆向左打杆并保持恒定杆量，飞行器将向左飞行；飞行器飞行速度的快慢将由打杆量决定。如图 2-9 所示。

步骤 5：滚转摇杆向右打杆并保持恒定杆量，飞行器将向右飞行；飞行器飞行速度的快慢将由打杆量决定。如图 2-10 所示。

职业模块 2　飞行实施

图 2-8　起飞操作

图 2-9　左向平移

图 2-10　右向平移

操作技能 2　工业级多旋翼无人机 GPS 模式下左右飞行

一、操作准备
器材准备：工业级多旋翼无人机。

二、操作步骤
步骤 1：多旋翼无人机准备起飞，右手摇杆拨至左下，左手摇杆拨至右下，保持 3 ~ 5 s，解锁；待电动机稳定怠速，俯仰、滚转、方向杆回中；油门杆缓慢回中即可起飞。如图 2-11 所示。

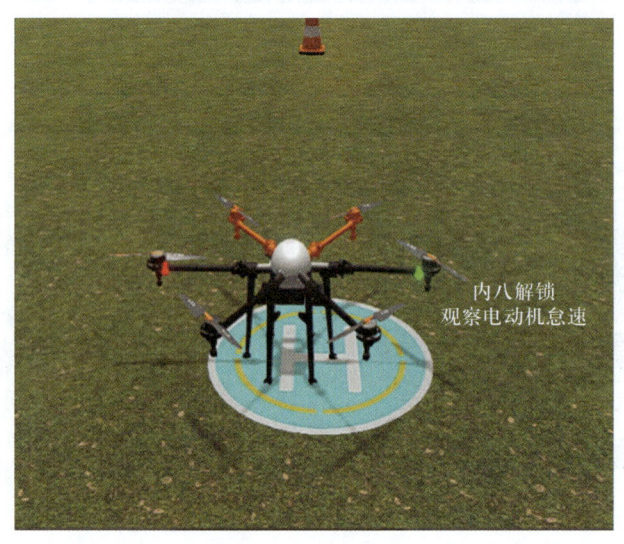

图 2-11　起飞

步骤 2：油门杆轻推至中立偏上三分之一，高度到达 1.5 m 后，油门杆回中；轻推俯仰杆，使多旋翼保持 1.5 m/s 缓慢飞行至中心桶，俯仰杆回中。如图 2-12 所示。

步骤 3：待多旋翼在中心桶悬停 3 ~ 5 s 后，滚转杆向右轻打，使多旋翼保持 1.5 m/s 的速度缓慢向右运动。如图 2-13 所示。

步骤 4：滚转杆向左轻拉，使多旋翼保持 1.5 m/s 的速度缓慢向左运动。如图 2-14 所示。

步骤 5：将多旋翼无人机左右调整至中心桶上空；向后拉至起飞点；油门杆向下轻拉至三分之一处，保持多旋翼无人机缓慢匀速下降；接地后，油门杆收至底部。如图 2-15 所示。

图 2-12 升高

图 2-13 右向运动

图 2-14 左向运动

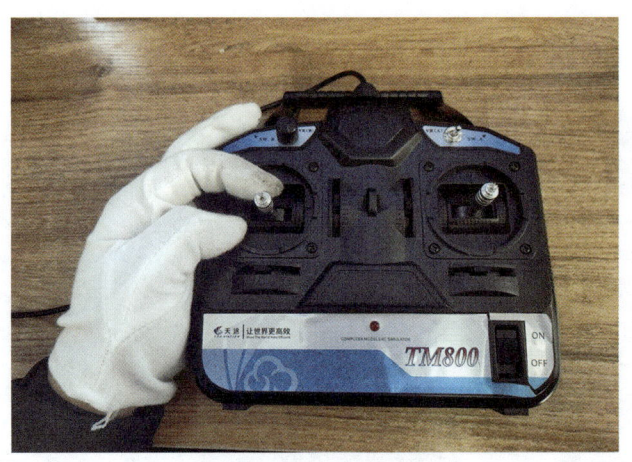

图 2-15 降落

二、无人机双通道控制悬停

1. 多旋翼无人机基础飞行操作及原理

电动机连接的螺旋桨通过高速转动切割空气使其产生向下的气流，气流使无人机产生向上的反作用力，这种反作用力就是多旋翼的升力。当升力大于无人机的重力时，无人机就可以实现上升的动作；当升力小于无人机的重力时，无人机就可以实现下降的动作；当升力等于无人机的重力时，则无人机处于悬停状态。

多旋翼无人机的四种状态分别为悬停（油门）、左右倾斜（横滚）、前后倾斜（俯仰）、左转右转（偏航）。

在不考虑其他因素的情况下，当4个螺旋桨的拉力相同时，飞机处于水平状态，实现悬停，如图2-16所示。电动机1、3产生转数差时，无人机左右倾斜（横滚），如图2-17所示。电动机0、2产生转数差时，无人机前后倾斜（俯仰），如图2-18所示。电动机0、2同步增加转数，电动机1、3同步减少转数，或者相反，无人机左转右转（偏航），如图2-19所示。

实际操作时，需要先进行四位悬停训练，达到要求后，进行八位悬停训练，最后开始原地定高定点持续偏航训练。

无人直升机飞行操作原理是，基于周期变距机构、飞控计算机命令要求，并通过机械传动倾斜十字盘完成周期性变距，使升力方向发生改变。实际操作与多旋翼无人机相同，只是舵量和灵敏度有一定区别。

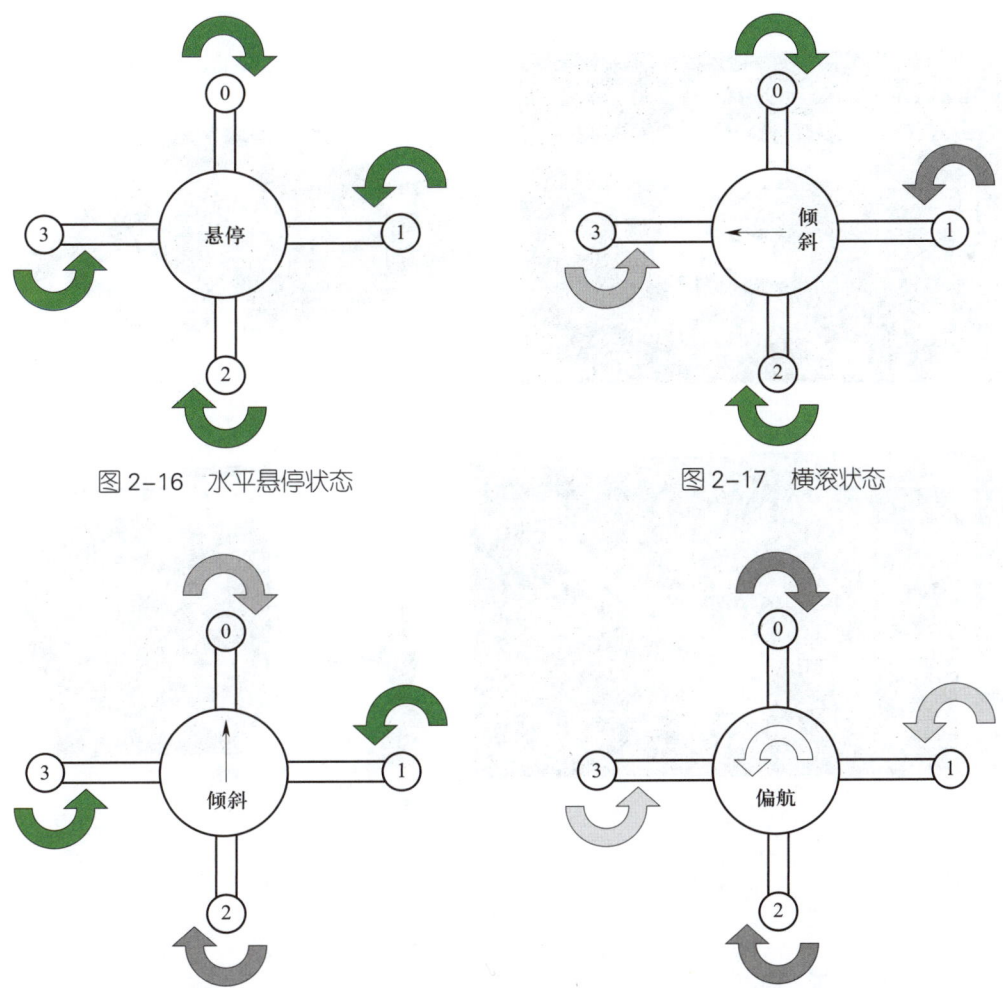

图 2-16 水平悬停状态　　　　图 2-17 横滚状态

图 2-18 俯仰状态　　　　图 2-19 偏航状态

固定翼无人机飞行操作原理可以用舵面偏转后各部位升力变化来解释。实际操作相对于无人直升机和多旋翼无人机难度要大一些。应该多利用模拟器训练功能进行起降和转弯基础训练,如水平转弯、转弯升高、转弯降高,以此找到感觉并加强左右手杆量配合。

2. 模拟器的预先练习

有反馈的实践操作将取得更好的学习效果,但可以使用模拟器提前感受这个过程,以便更直观、深刻地了解遥控器的使用方法。模拟器成本低,无操作风险,能够让每个人都能提前体验一下遥控飞行的感觉。

具体练习时,可以选购普及型的遥控模拟器,连接计算机使用。在模拟器上首先选择多旋翼无人机姿态遥控飞行模式,体验美国手操作手法。如图 2-20 所示。

 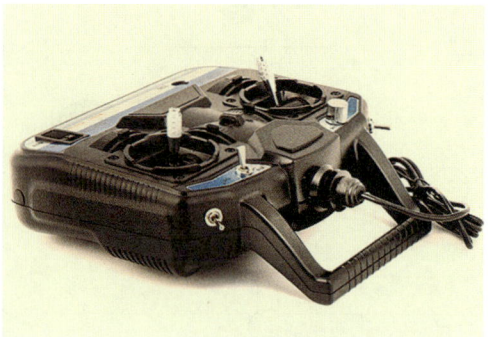

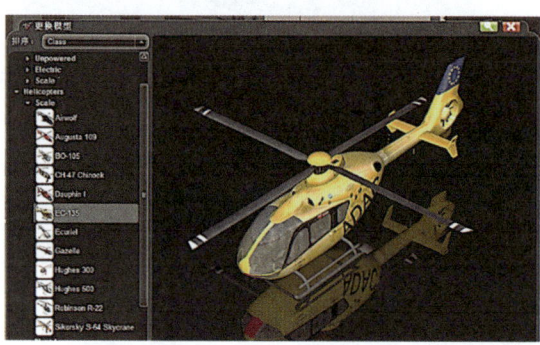 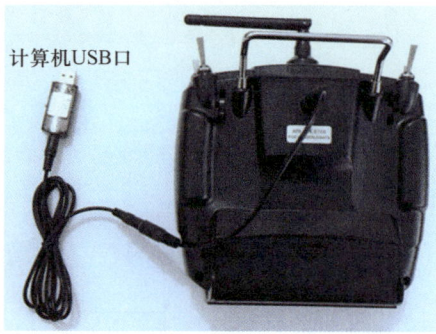

图 2-20　美国手操作手法的体会

a）软件中机型选择　b）选择左手油门的美国手硬件
c）模型的选择　d）真遥控器的模拟连接

日本手操作手法的体会如图 2-21 所示。

图 2-21 日本手操作手法的体会

a）购买一套模拟器　b）在计算机上安装光盘中任意一款模拟器软件
c）购买时注意选择日本手的硬件　d）将硬件插到计算机 USB 口上
e）设置遥控器最大、最小舵量及正反舵　f）选择飞行场地
g）初期上手选择好飞的固定翼训练机练习　h）熟练后一定把各种战斗机都飞一飞

模拟器就是用来模拟飞行的软件，是能够在室内进行操作的模拟训练装置。模拟器软件能模拟实现 90% 以上的飞行条件的飞行训练，因此，利用飞行模拟器进行飞行训练，具有提高效率、节省成本、保证安全等优点。

相较于外场飞行训练，模拟飞行的训练周期较短。这意味着在模拟器练习中，可以学到更多的飞行知识和技能。模拟器可以一遍又一遍地完成特定场景的练习，直至达到训练目标为止。训练中难免会出现坠机情况，但造成的心理阴影远远小于实飞坠机，故在模拟训练中能减轻紧张心态，外场实飞前练就过硬的操作手法能加强自信心。在模拟器练习期间，可以根据训练人员的自身训练情况及进度，随时进行休整，无需考虑搬拿训练器材和时间成本；可随时调试风向、风速以及风的阵型；可以选择不同场地背景，适应不同环境下飞行。在外场飞行训练中，部分操作无法尝试，可能对无人机造成损害，更有造成误伤的情况出现，但在模拟飞行训练中则无需考虑这样的问题。

使用模拟器进行飞行练习可以在计算机里看到不同场地背景，以模拟真实的飞行器；训练过程中能看见飞行器碰撞后的损毁画面；天气效果也模拟得较逼真。软件免除了场地、气候和心理因素的干扰，使操控者能快速掌握飞行方法，提高遥控飞行技术。

操作技能

操作技能 3　消费级多旋翼无人机 GPS 模式下斜向飞行

一、操作准备

器材准备：消费级多旋翼无人机。

二、操作步骤

步骤 1：短按一次，再长按遥控器（飞行器）电源按键，打开遥控器（飞行器）。如图 2-22 所示。

步骤 2：开启地面站软件 App。查看并将遥控器挡位开关置于 P 模式下。如图 2-23 所示。

步骤 3：通过 App 界面查看卫星颗数是否在 8 颗以上；点击 App 界面一键起飞按键；在对话框内向右滑动光标使飞行器离地。如图 2-24 所示。

步骤 4：右摇杆向右打杆（滚转）的同时，向前推杆（俯仰），并保持恒定杆量，飞行器将向右前方飞行；飞行器飞行速度的快慢将由打杆量决定。如图 2-25 所示。

图 2-22 开机

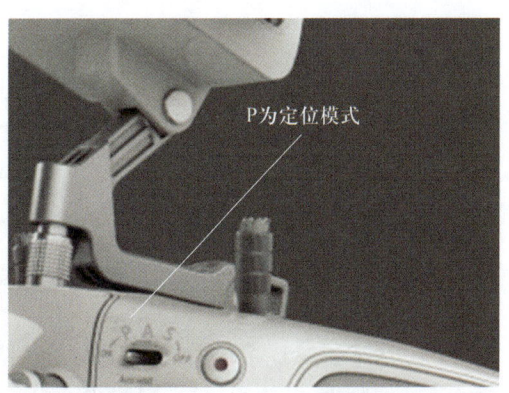

图 2-23 P 模式的设置

图 2-24 起飞操作

图 2-25 右前方飞行

步骤5：右摇杆向右打杆（滚转）的同时，向后拉杆（俯仰），并保持恒定杆量，飞行器将向右后方飞行；飞行器飞行速度的快慢将由打杆量决定。如图2-26所示。

图2-26 右后方飞行

操作技能4　工业级多旋翼无人机GPS模式下斜向飞行

一、操作准备

器材准备：工业级多旋翼无人机。

二、操作步骤

步骤1：飞机解锁；起飞后飞行至中心桶位置进行悬停；准备沿左前、左后、右前、右后的方向依次进行斜向飞行练习。如图2-27所示。

图2-27 斜向飞行

步骤 2：左压滚转杆，同时前推俯仰杆，保持；无人机以对尾姿态匀速沿直线向左前方向平移，高度 2 m 左右，速度 1.5 m/s 左右，到达左前方锥桶上方，回杆，进行悬停；反向打杆，返回中心桶上方。位置与高度误差不超过一个机身，角度偏差不超过 15°。如图 2-28 所示。

图 2-28 左圈顺时针飞行

步骤 3：左压滚转杆，同时后拉俯仰杆，保持；无人机以对尾姿态匀速沿直线向左后方向平移，高度 2 m 左右，速度 1.5 m/s 左右，到达左后方锥桶上方，回杆，进行悬停；反向打杆，返回中心桶上方。位置与高度误差不超过一个机身，角度偏差不超过 15°。如图 2-29 所示。

图 2-29 左圈逆时针飞行

步骤 4：右压滚转杆，同时前推俯仰杆，保持；无人机以对尾姿态匀速沿直线向右前方向平移，高度 2 m 左右，速度 1.5 m/s 左右，到达右前方锥桶上方，回杆，进行悬停；反向打杆，返回中心桶上方。位置与高度误差不超过一个机身，角度偏差不超过 15°。如图 2-30 所示。

图 2-30　右圈顺时针飞行

步骤 5：右压滚转杆，同时后拉俯仰杆，保持；无人机以对尾姿态匀速沿直线向右后方向平移，高度 2 m 左右，速度 1.5 m/s 左右，到达右后方锥桶上方，回杆，进行悬停；反向打杆，返回中心桶上方。位置与高度误差不超过一个机身，角度偏差不超过 15°。如图 2-31 所示。

图 2-31　右圈逆时针飞行

三、无人机四通道控制悬停

1. 无人机执照

想要安全有效使用和操纵无人机，必须对相关的政策、规章及管理办法有深入的了解，就像驾驶机动车需要了解《中华人民共和国道路交通安全法》《中华人民共和国道路交通安全法实施条例》。

高技术的设备有其简单的一面，但也有其复杂的一面，一架消费级多旋翼无人机的操纵肯定比蹬三轮车麻烦很多。要能很好驾驭一样东西，必须很好地了解它，熟练地掌握它。以操作最简单的多旋翼无人机来说，诸如都有哪些飞行模式、速度、航时、控制半径、杆及开关的操作方式、地面站软件的操作方式，这些都是必须熟悉的。根据《民用无人驾驶航空器操控员管理规定》的相关要求，我国已经初步建立了无人机驾驶员的培训体系，经过相应的训练与考核，便可以取得无人机驾驶员执照。如图 2-32 所示。

图 2-32 无人机驾驶员执照

2. 多旋翼无人机执照的飞行考核要求

要想取得多旋翼无人机的飞行执照，需要接受训练机构的理论培训与实践培训。所有理论与实践培训结束后，会首先进入理论考试流程。理论考试方法很接近于汽车驾照的机考环节。考分及格才能进入下一环节的实践考核（飞行考核）。

多旋翼视距内驾驶员实践考核,主要考查手动飞行技术。主要是原地360°、水平"8"字两个动作,这也是要注重多旋翼无人机弧线飞行训练的原因。多旋翼无人机超视距驾驶员实践考核,要加试地面站操作。多旋翼无人机教员实践考核,在超视距驾驶员实践考核的基础上再加试口试。考试流程如图2-33所示。

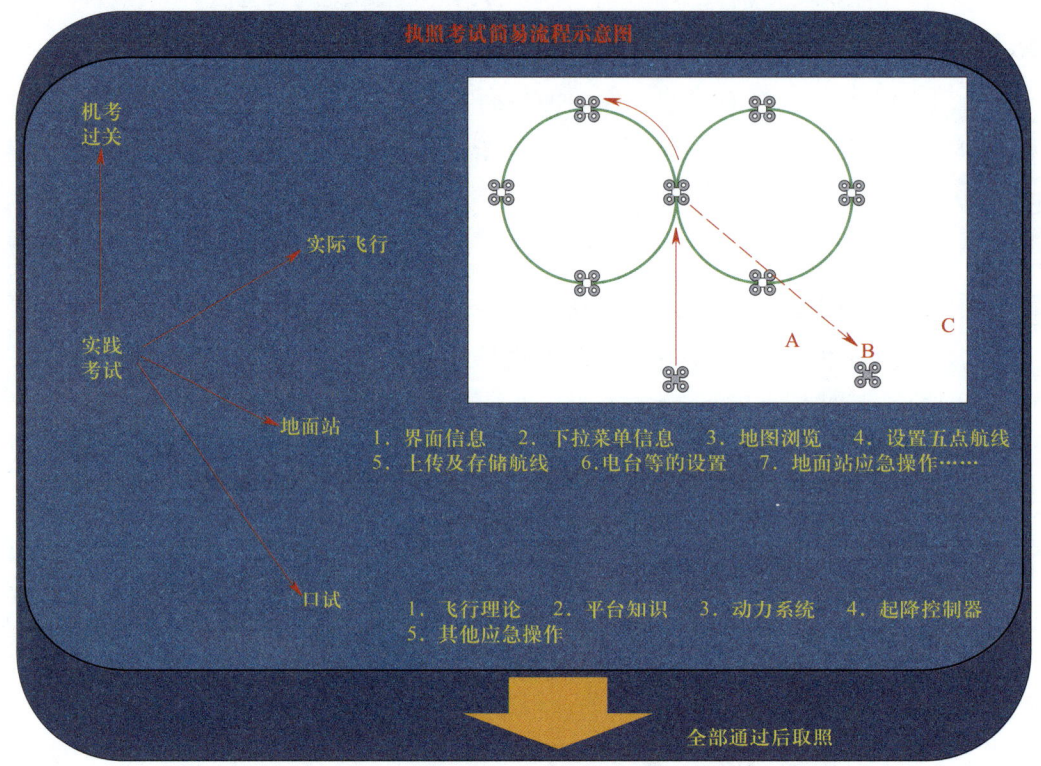

图2-33 考试流程

操作技能5 消费级多旋翼无人机GPS模式下四位悬停操作

一、操作准备

器材准备:消费级多旋翼无人机。

二、操作步骤

步骤1:短按一次,再长按遥控器(飞行器)电源按键,打开遥控器(飞行器)。如图 2-34 所示。

步骤 2：开启地面站软件 App。查看并将遥控器挡位开关置于 P 模式下。如图 2-35 所示。

图 2-34　开机

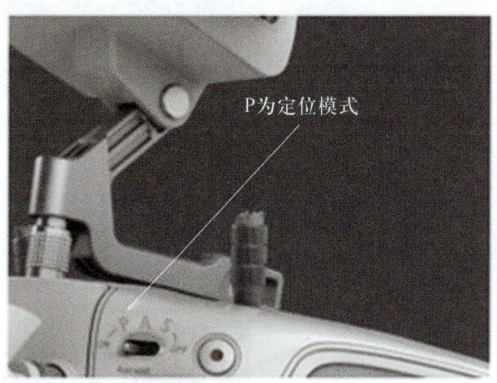

图 2-35　P 模式的设置

步骤 3：通过 App 界面查看卫星颗数是否在 8 颗以上；点击 App 界面一键起飞按键；在对话框内向右滑动光标，飞行器离地。如图 2-36 所示。

图 2-36　起飞操作

步骤 4：方向摇杆轻轻向左打杆；当飞行器向左旋转 90° 后，松开方向摇杆即进入向左侧悬停状态。如图 2-37 所示。

步骤 5：再次将方向摇杆轻轻向左打杆；当飞行器继续向左旋转 90° 后，松开方向摇杆即进入对头悬停状态。如图 2-38 所示。

步骤 6：再次将方向摇杆轻轻向左打杆；当飞行器继续向左旋转 90° 后，松开方向摇杆即进入向右侧悬停状态。如图 2-39 所示。

图 2-37　左侧悬停

图 2-38　对头悬停

图 2-39　右侧悬停

操作技能 6　工业级多旋翼无人机 GPS 模式下四位悬停

一、操作准备

器材准备：工业级多旋翼无人机。

二、操作步骤

步骤 1：解锁起飞；保持多旋翼无人机高度 1.5 m 左右，轻推升降舵使无人机飞行至中心桶。如图 2-40 所示。

步骤 2：保持多旋翼无人机尾部正对自己；在中心桶上悬停 3～5 s，位置偏差控制在半个机身位，高度偏差不超过一个机身位即可。如图 2-41 所示。

步骤 3：打方向杆，保持多旋翼无人机左侧正对自己；在中心桶上悬停 3～5 s，位置偏差控制在半个机身位，高度偏差不超过一个机身位即可。如图 2-42 所示。

步骤 4：打方向杆，保持多旋翼无人机机头正对自己；在中心桶上悬停，时间控制在 3～5 s，位置偏差控制在半个机身位，高度偏差不超过一个机身位即可。如图 2-43 所示。

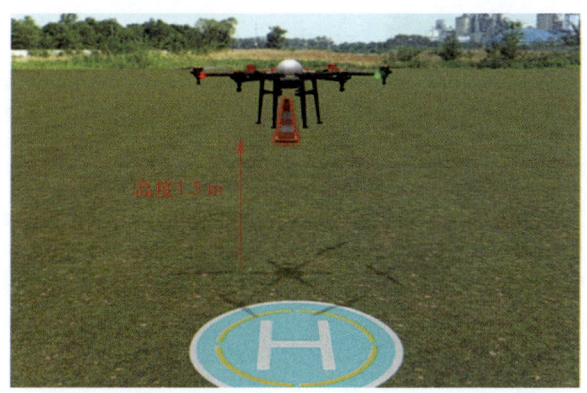

图 2-40 升高

图 2-41 对尾悬停

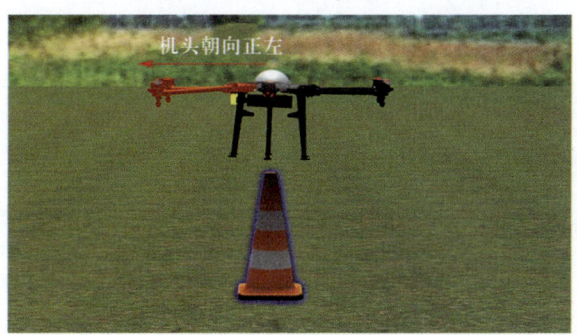

图 2-42 左侧悬停

步骤 5：打方向杆，保持多旋翼无人机右侧正对自己；在中心桶上悬停，时间控制在 3～5 s，位置偏差控制在半个机身位，高度偏差不超过一个机身位即可。如图 2-44 所示。

步骤 6：打方向杆，保持多旋翼无人机尾部正对自己；向后拉至起飞点；油门杆向下轻拉至三分之一处，保持多旋翼无人机缓慢匀速下降；接地后，油门杆收至底部。如图 2-45 所示。

图 2-43 对头悬停

图 2-44 右侧悬停

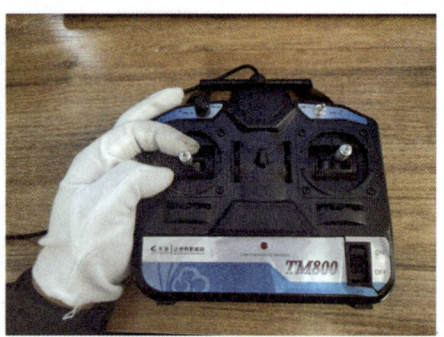

图 2-45 降落

四、无人机多向平移控制

1. 多旋翼无人机的偏航

多旋翼无人机的偏航运动是应用反扭来实现的。例如，一个四旋翼无人机的右前和左后安装的是顺时针旋转的螺旋桨，左前和右后安装的是逆时针旋转的螺旋桨，成对布置。悬停状态时，四个螺旋桨转速基本是一样的；如果让其中两个顺时针桨加速，两个逆时针桨减速，则总升力保持不变，但全机逆时针的反扭矩将增大，多旋翼无人机将向左旋转；同理，让其中两个逆时针桨加速，两个顺时针桨减速，则总升力保持不变，但全机顺时针的反扭矩将增大，多旋翼无人机将向右旋转。

2. 水平"8"字飞行

水平"8"字飞行是无人机多向平移控制的一项主要练习内容，也是辅助模式中比较难也比较全面的飞行训练动作。学好这一项技能，对未来考取无人机驾驶员执照有一定帮助。为顺利掌握这一技能，我们将通过学习水平"8"字相对位置图来总结训练方法，提高"8"字航线操作精度。如图 2-46 所示。

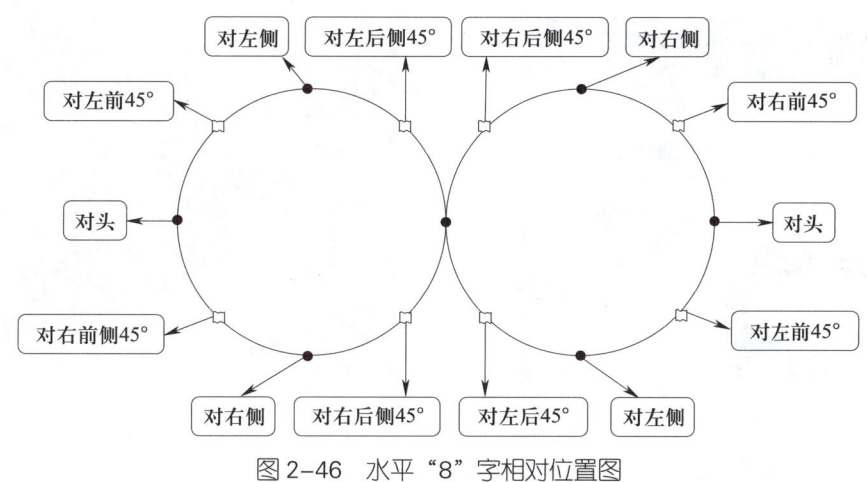

图 2-46 水平"8"字相对位置图

多旋翼无人机（或无人直升机）水平"8"字飞行时需保持机头一直朝前进方向完成飞行动作。从悬停位置直接进入水平"8"字航线，向左或向右切入航线方向不限。动作完成后转成对尾悬停并准备降落，机头偏差角度不能超过 15°。要求：两个圆的直径相同（直径大于 6 m），两个圆的结合部位通过身体中线，空域在 120°内，整个动作的高度不变。

固定翼无人机水平"8"字飞行时需水平直线进入 1/4 水平圆，接水平圆一周，一周后进入后 3/4 圆，水平直线改出。要求：两个圆的直径相同，两个圆的结合部位通过身体中线，整个动作的高度不变。

操作技能

操作技能 7　消费级多旋翼无人机 GPS 模式下水平"8"字飞行

一、操作准备

器材准备：消费级多旋翼无人机。

二、操作步骤

步骤 1：短按一次再长按遥控器（飞行器）电源按键，打开遥控器（飞行器）。将移动设备安装到遥控器并连接遥控器。如图 2-47 所示。

步骤2：开启App。查看遥控器挡位开关是否处于P模式下，如不在P模式下，请将挡位开关拨到P模式。如图2-48所示。

图2-47　开机

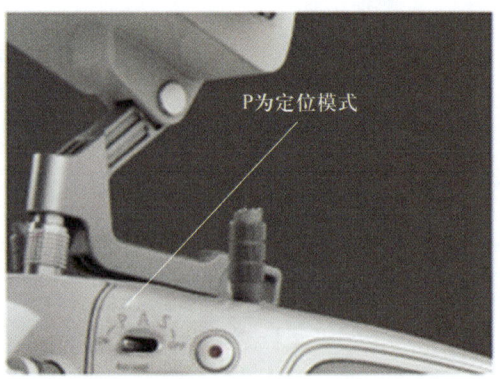

图2-48　P模式的设置

步骤3：通过App界面查看卫星颗数是否在8颗以上，确认并点击App界面一键起飞按键后，在对话框内向右滑动光标，飞行器将离开地面并向上飞行。如图2-49所示。

图2-49　起飞操作

步骤4：升降摇杆向前打杆的同时，方向摇杆向右打杆并保持恒定杆量，飞行器将沿顺时针完成"8"字右侧圆，在飞行过程中可通过副翼摇杆左右移动来调整圆半径大小。如图2-50所示。

步骤5：升降摇杆向前打杆的同时，方向摇杆向左打杆并保持恒定杆量，飞行器将沿逆时针完成"8"字左侧圆，在飞行过程中可通过副翼摇杆左右移动来调整圆半径大小。如图2-51所示。

图 2-50 右侧圆飞行

图 2-51 左侧圆飞行

操作技能 8 工业级多旋翼无人机 GPS 模式下水平"8"字飞行

一、操作准备
器材准备：工业级多旋翼无人机。

二、操作步骤
步骤 1：解锁；起飞后飞行至中心桶位置对尾悬停，高度 2 m 左右；前推俯仰杆，同时左打方向杆，保持；多旋翼无人机匀速沿弧线飞往左圈最远处锥桶上方，高度 2 m，速度 1.5 m/s 左右。位置与高度误差不得超过一个机身，角度偏差不超过 15°。如图 2-52 所示。

图 2-52 左圆前 1/4 端飞行

步骤 2：保持杆量；多旋翼无人机继续匀速沿弧线飞往左圈最左处锥桶上方，高度 2 m，速度 1.5 m/s 左右。位置与高度误差不得超过一个机身，角度偏差不超过 15°。如图 2-53 所示。

图 2-53 左圆 1/4 到 1/2 端飞行

步骤 3：保持杆量；多旋翼无人机继续匀速沿弧线飞往左圈最近处锥桶上方，高度 2 m，速度 1.5 m/s 左右。位置与高度误差不得超过一个机身，角度偏差不超过 15°。如图 2-54 所示。

图 2-54 左圆 1/2 到 2/3 端飞行

步骤 4：保持杆量；多旋翼无人机继续匀速沿弧线飞往中心锥桶上方，高度 2 m，速度 1.5 m/s 左右。位置与高度误差不得超过一个机身，角度偏差不超过 15°。如图 2-55 所示。

步骤 5：保持杆量；多旋翼无人机继续匀速沿弧线飞往右圈最远处锥桶上方，高度 2 m，速度 1.5 m/s 左右。位置与高度误差不得超过一个机身，角度偏差不超过 15°。如图 2-56 所示。

步骤 6：以同样的步骤完成右圈剩余航线飞行；回到中心锥桶上方，所有杆位回中，悬停。如图 2-57 所示。

图 2-55　左圆末 1/4 端飞行

图 2-56　右圆前 1/4 端飞行

图 2-57　右圆飞行

培训课程 2

GPS 模式下简易航线飞行

学习单元　实　际　飞　行

一、无人机起飞操作

1. 视距内飞行

眼睛看着无人机的姿态与位置，用手操纵无人机飞行，叫做视距内飞行。视距内飞行，是驾驶员在看着无人机飞，所以也称第三视角飞行。

无人机不是航模，无人机多在远处作业，所以无人机的主要飞行模式是超视距飞行，视距内飞行只作为辅助模式，在起降、训练、调试、应急等情况下使用，如图 2-58 所示。

图 2-58　视距内飞行

2. 超视距飞行

眼睛不看无人机的飞行就是超视距飞行。超视距飞行模式又细分为常规超视距模式和FPV（First Person View）超视距模式两种。

常规超视距飞行时，我们用眼睛看着地面站电子地图上的无人机图标，用鼠标、键盘等指挥飞行，但这种飞行方式在执行某些飞行任务时显得不够灵活。在这时，我们就可以使用FPV超视距模式来直接驾驶无人机，看着摄像头图像，用杆来快速操纵。如图2-59所示。

图2-59　FPV超视距模式与常规超视距模式

FPV超视距模式飞行时，由于眼睛（摄像头）"长"在无人机上，所以是我（驾驶员）在飞，所以也称第一视角飞行。那么，什么任务中会使用FPV模式呢？在滑雪、赛车和电影特技镜头拍摄中，使用FPV模式能及时、准确和高效完成拍摄。另如，我们要用消费级航拍无人机给一艘航行中的游艇拍摄广告，也得使用FPV模式。总之，当任务航线很随机，不好提前规划时，或需要锁定跟随目标时，我们常会使用FPV超视距模式。

3. 无人机起飞方式

滑跑起飞是固定翼无人机最为常见的起飞方式之一，飞行人员通过遥控启动无人机，让其在跑道上滑跑，达到一定速度后部分固定翼无人机可以直接升空，部分固定翼无人机需要带少量升降舵进行离地升空操作。这种起飞方式适用于固定翼的大型无人机，比如军用无人机基本采用这种方式，其劣势是对于机场跑道的要求较高。

垂直起飞是多旋翼无人机最常用的一种起飞方式，不需要任何助跑和设施帮助，依靠旋翼系统就可以完成起飞操作，是目前民用无人机较为主流的起飞方式。

手抛起飞利用手将无人机抛出去，配合电动机旋转带动螺旋桨，产生足够的升力，让无人机升空起飞。这种方式只适用于小型无人机，起飞比较灵活，技术要求低，但是对人力存在依赖性，对起飞地点也存在较大的限制性。

操作技能1　多旋翼无人机 GPS 模式下起飞操作

一、操作准备

器材准备：多旋翼无人机。

二、操作步骤

步骤1：将移动设备安装到遥控器上并连接遥控器；短按一次，再长按遥控器电源按键，打开遥控器；短按一次，再长按飞行器电源按键，打开飞行器。如图 2-60 所示。

步骤2：开启移动设备上的地面站软件 App；查看遥控器挡位开关是否处于 P 模式（GPS 模式）下，如不在，请将挡位开关拨到 P 模式下。如图 2-61 所示。

图 2-60　开机

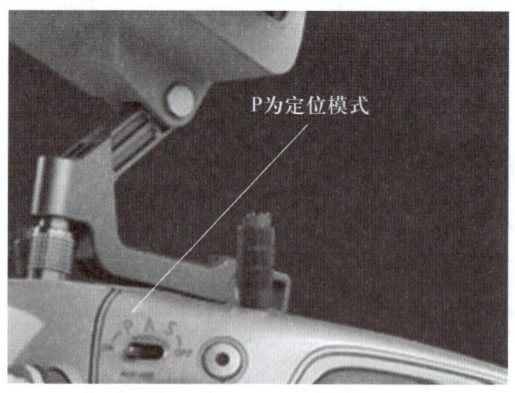

图 2-61　P 模式的设置

步骤3：通过 App 界面查看卫星颗数是否在 8 颗以上（①位置）；确认后点击 App 界面一键起飞按键（②位置）；在界面中间对话框内向右滑动光标，飞行器将离开地面向上飞行。如图 2-62 所示。

图 2-62 起飞操作

步骤 4：油门摇杆轻轻向上推杆并保持打杆量稳定，飞行器将会离开地面持续向上飞行。如图 2-63 所示。

步骤 5：油门摇杆轻轻向下拉杆并保持打杆量稳定，飞行器将会持续下落；落到地面后，油门杆拉到底保持 2 s，电动机停止，完成降落。如图 2-64 所示。

图 2-63　缓慢上升　　　　　　　　　图 2-64　缓慢降落

二、无人机无头模式飞行

任何飞行器都一定有个自身的坐标系，也就是基于飞行器的头和尾建立的坐标系。如果推动遥控器向前飞行，飞行器总是向它头朝的方向飞行，那么这个飞行器就是在运行有头模式。如果推动遥控器向前飞行，飞行器还是向它起飞时头指示的方向飞行，即使这个时候飞行器在飞行的过程中改变了机头方向（操纵了遥控的航向角），那么这个飞行器就是在运行无头模式飞行。

无头模式飞行也称简单（Simple）模式，是以飞行器起飞时头指示的方向为前，其运行的前后左右是参考地理坐标系（也就是地球坐标系）。

飞行器无头飞行模式是以地理坐标系为坐标，并利用电子罗盘测量飞行器相对于地球磁场的角度，从而算出机头在磁场中的方向的。这种模式使用航向角的积分，计算飞行器相对于起飞时机头旋转的角度，从而实现无头模式的飞行。

无头飞行模式主要应用于多旋翼无人机。当超视距操控无人机时，容易看不清机头的位置，这时候使用无头模式就可以不用考虑机头位置，轻松将无人机飞回来。通俗理解为：不用再管飞行器机头的朝向，可以将飞行器看成一个点，如果升降舵给出俯冲指令，飞行器就会飞得远离操作者；反之，如果给出拉杆指令，飞行器会飞回操作者；给出向左滚转的指令，飞行器会向左飞，给出向右滚转的指令，飞行器会向右飞。

操作技能 2　无头飞行模式的设置

一、操作准备

器材准备：多旋翼无人机、mission planner 地面站软件、数传模块和遥控器等。

二、操作步骤

步骤 1：选择正确的串口号和波特率，连接无人机与地面站。如图 2-65 所示。

图 2-65　串口和波特率设置

步骤 2：功能菜单栏里面选择初始设置。如图 2-66 所示。

图 2-66　初始设置

步骤3：初始设置里面选择飞行模式必要硬件栏。如图2-67所示。

步骤4：在必要硬件栏选择飞行模式菜单。如图2-68所示。

图2-67　必要硬件栏

图2-68　飞行模式栏

步骤5：在右侧飞行模式设置里面，选择对应的飞行模式。在需要设置的飞行模式中，右侧把Simple打上√号即可。如图2-69所示，在增稳Stabilize模式右侧选择Simple模式。

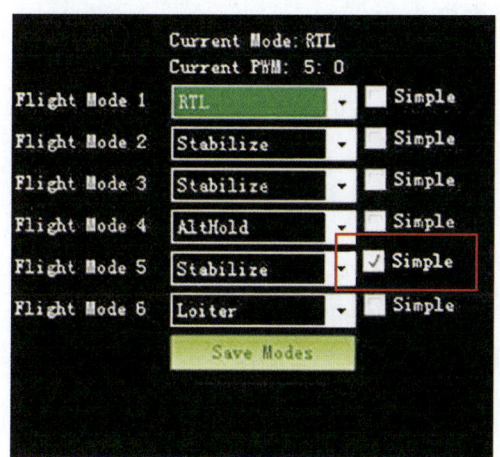

图2-69　无头模式设置

三、飞行中信号识别

链路系统是无人机系统的重要组成部分，其主要任务是建立一个空地双向数据传输通道，用于完成地面控制站对无人机的远距离遥控、遥测和任务信息传输。遥控实现对无人机和任务设备进行远距离操作，遥测实现对无人机状态的监测。

任务信息传输则通过下行无线信道传送由机载任务传感器所获取的视频、图像等信息，是无人机完成任务的关键，质量的好坏直接关系到发现和识别目标的能力。

1. 我国对无人机使用频段规定

无人机通信链路需要使用无线电资源，目前世界上无人机的频谱使用主要集中在 UHF、L 和 C 频段，其他频段也有零散分布。2015 年，我国工业和信息化部发布了《关于无人驾驶航空器系统频率使用事宜的通知》，规划 840.5～845 MHz、1 430～1 444 MHz 和 2 408～2 440 MHz 频段用于无人驾驶航空器系统。具体规定：840.5～845 MHz 频段可用于无人机系统的上行遥控链路，其中，841～845 MHz 也可采用时分方式用于无人机系统的上行遥控和下行遥测信息传输链路。1 430～1 444 MHz 频段可用于无人机系统下行遥测与信息传输链路，其中 1 430～1 438 MHz 频段应优先保证警用无人机和直升机视频传输使用。2 408～2 440 MHz 频段可用于无人机系统上行遥控、下行遥测与信息传输链路的备份频段，该无线电台工作时不得对其他合法无线电业务造成影响，也不能寻求无线电干扰保护。

2. 无人机链路系统组成

无人机链路的机载部分包括机载数据终端（ADT）和天线。机载数据终端包括 RF 接收机、发射机以及用于连接接收机和发射机到系统其余部分的调制解调器。为了满足下行链路的带宽限制，有些机载数据终端还提供了用于压缩数据的处理器。天线采用全向天线，有时也要求采用具有增益的定向天线。

链路的地面部分也称地面数据终端（GDT）。该终端包括一副或几副天线、RF 接收机和发射机以及调制解调器。若传感器数据在传送前经过压缩，则地面数据终端还需采用处理器对数据进行重建。地面数据终端可以分装成几个部分，一般包括一条连接地面天线和地面控制站的本地数据连线以及地面控制站中的若干处理器和接口。

对于长航时无人机而言，为克服地形阻挡、地球曲率和大气吸收等因素的影响，并延伸链路的作用距离，中继是一种普遍采用的方式。当采用中继通信时，中继平台和相应的转发设备也是无人机链路系统的组成部分之一。

3. 常用无线信号天线的识别和选择

（1）GPS 天线。GPS 天线起到接收定位信号的作用，包含经纬度和高度信息，如图 2-70 所示。它是通过多卫星信号之间的时差进行运算定位的。卫星都在天上，所以 GPS 天线都是定向的，主瓣都指向天空，理想状态是半球型的，也就是说增益不能太高，不能变成探照灯，否则搜星数量会急剧减少。由于带宽很窄，天线体积又不能太大，陶瓷天线就成了首选方案。

（2）数传和图传天线的选择。天线对于传输信号的效果起着非常重要的作用。如果天线选择不好，如类型、位置、角度等较差，会直接影响整个无线传输系统运行的状态和质量。合理的使用选择天线，可使传输质量得到更有力的保证。目前常用的天线主要有五款：扁平天线、棒状天线、蘑菇天线、软天线以及平板天线。

1）扁平天线。扁平天线标称是全向天线，如图 2-71 所示，其内部是一块有微带线 PCB 板，本质还是有一定角度的。由于是垂直极化，在使用时，尤其是发射端，为了使发射端两路天线尽可能不相关，天线最好成 -45° 和 +45° 相交并面向接收器，而接收端天线尽量散开成扇形。

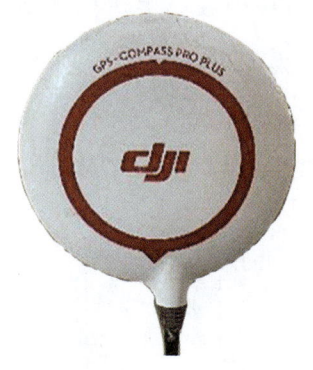

图 2-70　GPS 天线

图 2-71　扁平天线

2）棒状天线。棒状天线标称是全向天线，如图 2-72 所示，其内部有的是旋状铜圈（有的高增益棒状天线还加有平衡器），有的是对称圆柱（锥），它们的方向性小，一般采用垂直极化，前后比大。在使用时，尤其是发射端，为了使发射端两路天线尽可能不相关，天线最好成 -45° 和 +45° 相交并面向接收器，而接收端天线也应尽量散开成扇形。

3）蘑菇天线。蘑菇天线标称是全向天线，如图 2-73 所示，其内部有的是采用双极化的振子，发射端一般采用三对分别成 -45°、+45° 的振子，称为三叶草型；

而接收端一般采用四对分别成 –45°、+45° 的振子,称为四叶草型,它们可以说是最接近全向的天线了,除了在主瓣与主瓣的交叉区域间增益小一点外,其余各向增益基本一致,由于振子的摆设,采用双极化的方式。

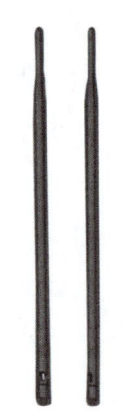

图 2-72 棒状天线

图 2-73 蘑菇天线

在使用时,蘑菇天线在发射端最好成羊角状摆放,但是其相比其他天线要随意得多,接收端天线也应尽量散开成扇形,如图 2-74 所示。

4)软天线。由于多天线系统在实际使用时不可避免地要调整天线的角度,而其他一些天线,如棒状天线、扁平天线等,由于固有的机械属性,无法任意调整,这就给使用带来极其不便。如图 2-75 所示,软天线底部采用可弯折设计,可以任意调整天线角度。在使用时,尤其是发射端,为了使发射端两路天线尽可能不相关,天线最好成 –45° 和 +45° 相交并面向接收器,而接收端天线也应尽量散开成扇形。

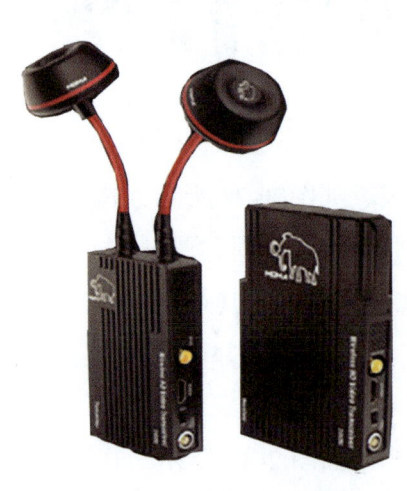

图 2-74 蘑菇天线的摆放

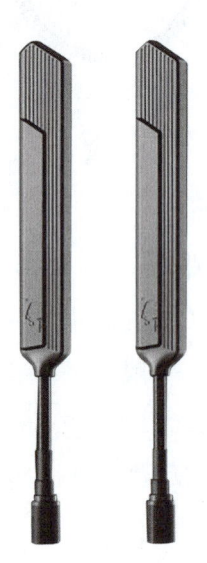

图 2-75 软天线

5）平板天线。如图 2-76 所示，平板天线标称是定向天线，其内部一般用钢条做振子，有的为了增加增益，在振子的前面增加耦合平面，一般采用多种极化的方式。如现在使用的平板天线，有 3 路垂直极化，一路 –45° 极化，一路 +45° 极化。对接收端来说，不管发射端天线成什么样的角度，都能保证接收方向上可以最有效地接收极化波。

图 2-76　平板天线

操作技能 3　信号的识别

一、操作准备

器材准备：多旋翼无人机、mission planner 地面站软件、数传模块和遥控器等。

二、操作步骤

步骤 1：GPS 信号的识别，如图 2-77 所示。

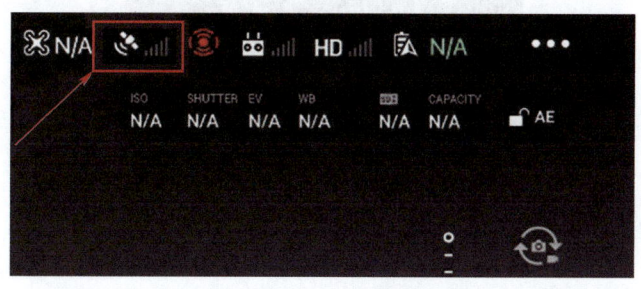

图 2-77　GPS 信号强度

步骤 2：遥控链路信号质量的识别，如图 2-78 所示，显示遥控器与飞行器之间遥控信号的质量。如在飞行过程中遥控器图标闪动，表示系统检测到遥控信号受到干扰。

步骤 3：高清图传链路信号质量的识别，如图 2-79 所示，显示飞行器与遥控器之间高清图传链路信号的质量。如在飞行过程中高清图传图标闪动，表示系统检测到图传信号受到干扰。

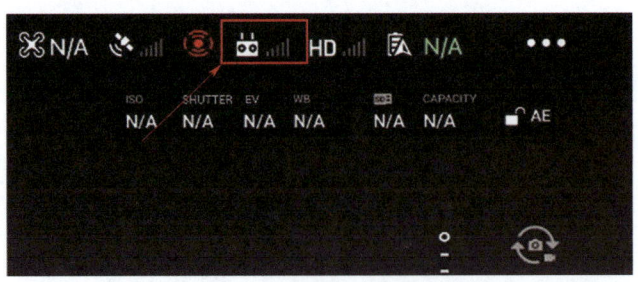

图 2-78 遥控信号强度

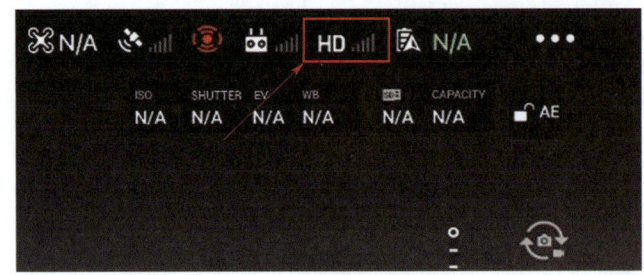

图 2-79 图传信号质量

步骤 4：电量的识别，如图 2-80 所示，显示飞行器剩余的电量。

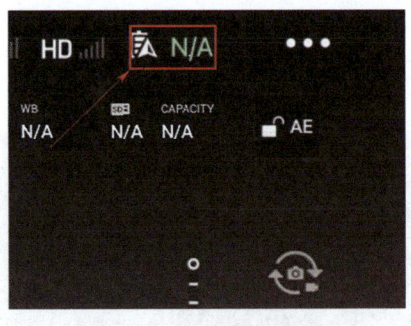

图 2-80 电量的显示

操作技能 4　信号天线的摆放

一、操作准备

器材准备：多旋翼无人机、GPS 模块、数传模块、图传模块等。

二、操作步骤

步骤 1：GPS 天线位于机体正上方，并且上方无影响 GPS 信号的遮挡物。如图 2-81 所示。

步骤2：遥控器天线不要对着无人机，此时信号最弱。天线应该与无人机成90°夹角。如图2-82所示。

步骤3：数传机载端天线尽可能竖直向下放置，地面端天线竖直向上放置，两根天线间保持可视（不要遮挡）。如图2-83所示。

步骤4：飞行时，始终关注遥控器屏幕上App软件中电池电量图标；并查询电池的工作环境温度，避免环境温度过低或过高导致飞行中途信号故障。如图2-84所示。

图2-81　GPS天线

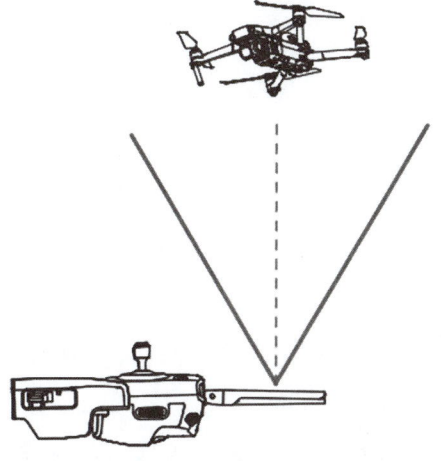

图2-82　遥控器天线的摆放

图2-83　数传天线

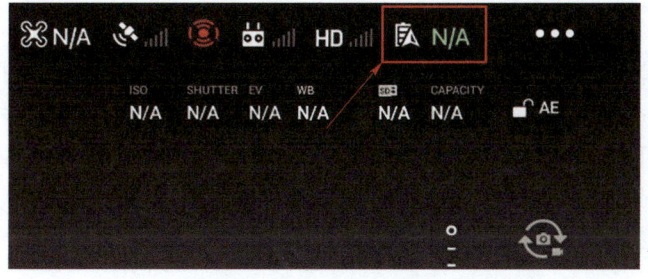

图2-84　电量的显示

四、无人机降落操作

无人机的降落方式可归纳为伞降回收、起落架滑跑着陆、拦阻网回收和垂直着陆回收等类型。

1. 伞降回收

伞降回收是一种较普通的回收方式。降落伞由主伞和减速伞（也称阻力伞）二级伞组成。当无人机完成任务后，地面站发遥控指令给无人机，使发动机慢车，飞机减速、降高。到达合适飞行高度和速度时，开减速伞，使无人机急剧减速、降高，此时发动机已停车；当无人机降到某飞行高度和速度时，回收控制系统发出信号，使主伞开伞，先呈收紧充气状态，过了一段时间，主伞完全充气；无人机悬挂在主伞下慢慢着陆，机下触地开关接通，使主伞与无人机脱离。为尽量减少无人机回收时的损伤，特别是为保护机载任务设备，有些无人机还在机体触地部位安装了减震装置，如充气袋是一种常用的减震装置。同时还要考虑到机体着地部位要尽可能远离任务设备舱。

2. 起落架滑跑着陆

这种回收方式与有人机相似，不同之处是：

（1）跑道要求不如有人机苛刻。

（2）有些无人机的起落架局部被设计成较脆弱的结构，允许着陆时撞地损坏、吸收能量。例如，英国的"大鸭"Ⅰ是一种机重 15 kg、翼展 2.70 m、机长 2.10 m 的小型无人机，机身下有着陆滑橇，机翼有翼尖滑橇，翼尖滑橇较脆弱，回收时允许折断，以吸收撞击力。

（3）为缩短着陆滑跑距离，有些无人机在机尾装尾钩，在着陆滑跑时，尾钩钩住地面拦截绳将大大缩短着陆滑跑距离。

3. 拦阻网回收

用拦阻网系统回收无人机是目前世界小型无人机较普遍采用的回收方式之一。拦阻网系统通常由拦阻网、能量吸收装置和自动引导设备组成。能量吸收装置与拦阻网相连，其作用是吸收无人机撞网的能量，免得无人机触网后在网上弹跳不停，以致损伤。自动引导设备一般是一部置于网后的电视摄像机，或是装在拦阻网架上的红外接收机，由它们及时向地面站报告无人机返航路线的偏差。

当无人机返航时，地面控制站要求无人机以小角度下滑，最大速度不得超过 120 km/h，操纵人员通过电视监视器监视无人机飞行，并根据地面电视摄像机拍摄的图像，或红外接收机接收到的无人机信号，确定返航路线的偏差，然后半自动地控制无人机，修正飞行路线，使之对准地面摄像机的瞄准线飞向拦阻网。

4. 垂直着陆回收

垂直着陆回收方式只需小面积回收场地，因不受回收区地形条件的限制而特别受到特种作业人群的青睐。这种回收方式有两种类型。

（1）旋翼航空器垂直着陆。这种着陆方式的特点是操纵旋翼的旋转速度，使无人机垂直着陆。

（2）固定翼垂直着陆。此种垂直着陆方式的特点是以发动机推力直接抵消重力。这种着陆方式又可分成两类，一是在无人机上配备着陆时用的专用发动机，着陆时，控制机上的主发动机和专用发动机的油门共同作用，使无人机在主发动机推力的垂直分力和专用发动机推力的共同作用下减速、垂直着陆；二是在回收时成垂直姿态，在发动机推力的垂直分力作用下减速、垂直着陆。

操作技能 5　多旋翼无人机 GPS 模式下降落操作

一、操作准备

器材准备：多旋翼无人机、美国手遥控器。

二、操作步骤

步骤 1：双手握住遥控器；左手拇指和食指将左手的摇杆拨到中间略偏下位置，缓慢下降无人机。如图 2-85 所示。

图 2-85　双手握住遥控器

步骤2：双手握住遥控器，根据机头方向和飞行姿态，右手拇指和食指将右手的摇杆向前或者向后拨动，实现在高度降低的同时，距离也在同步减小。如图2-86所示。

图2-86　右手拇指和食指将右手的摇杆向前或者向后拨动

步骤3：降落时，将油门杆拨到中立偏下三分之一处，多旋翼无人机出现缓慢降落趋势；保持油门杆位置，等待落地即可。如图2-87所示。

图2-87　保持油门杆位置

步骤4：无人机落地瞬间，将油门杆拨到底部，保持油门杆处于底部位置3~5s，注意不要松手，避免发生复飞，造成危险。如图2-88所示。

步骤5：3~5s螺旋桨怠速停止；松开油门杆。要注意保持油门杆处于最低位，避免发生危险。如图2-89所示。

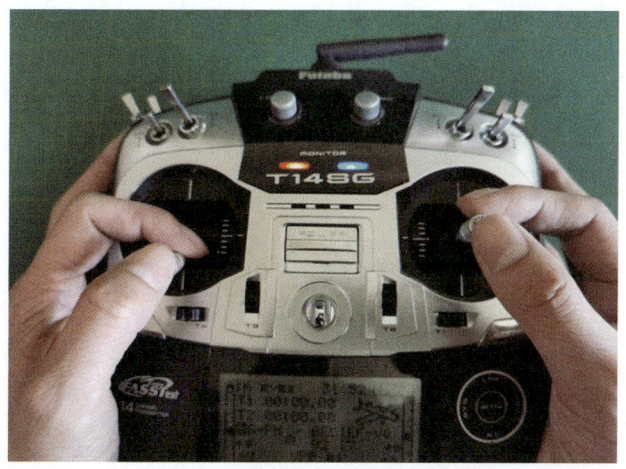

图 2-88　将油门杆拨到底部

图 2-89　松开油门杆

职业模块 ③
飞行后工作

培训课程1　飞行后检查
　　学习单元1　遥控器及地面站检查
　　学习单元2　飞行器完整性检查
培训课程2　无人机系统撤收
　　学习单元1　电池拆卸及储存
　　学习单元2　无人机的折叠撤收与装箱运输

培训课程 1

飞行后检查

学习单元 1　遥控器及地面站检查

一、遥控器

1. 遥控器基础知识

遥控器是无人机操作系统中必不可少的一个部分。遥控器是无人机收发控制指令的重要设备,用于远程控制无人机。遥控器包含发射机和接收机两部分。无人机遥控器发射端将无线电波发送给接收机,接收机读取指令并做出相应的动作。发射机的作用是把操纵指令转换为带有控制信息的无线电信号,并把无线电信号辐射向空中。接收机作用是接受发射机发出的无线电信号。图 3-1 所示为常见的无人机遥控器发射机及接收机形式。

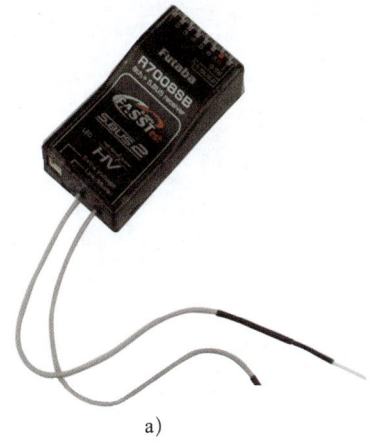 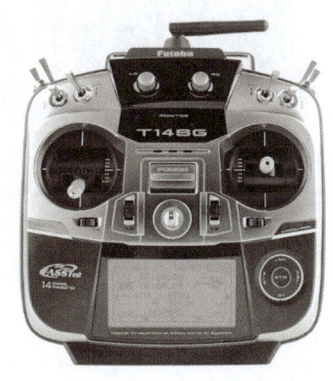

a)　　　　　　　　　　　　　　b)

图 3-1　遥控器
a）接收机　b）发射机

2. 常用功能介绍

遥控器常用功能通常有教练功能、模型选择、系统设置、舵机反向、功能设置等。以最常使用的 futaba 遥控器为例，列举常用的功能进行介绍说明。

（1）教练功能（TRAINER）：该功能主要完成主副控的功能设置，方便老师带学生进行实飞训练。

（2）模型选择（MODEL SELECT）：该功能主要是设定所飞的机型，比如固定翼或者直升机等。

（3）系统设置（SYSTEM）：该功能主要是进行遥控器的对频操作。

（4）舵机反向（SERVO REVERSE）：该功能主要是将通道舵机的动作方向反转。

（5）功能设置（FUNCTION）：该功能主要是进行通道的分配。

3. 遥控器天线

遥控器的发射机和接收机都有天线，天线的好坏对无人机的操控影响很大，如果干扰比较厉害，有可能会导致无人机失控或者坠机，因此，要系统掌握天线的基础知识。通常情况下，无人机遥控器发射机的天线与接收机的天线大多为全向天线，部分存在定向天线，如图 3-2 所示。不同的天线有着不同特性，安装无人机时接收机天线和遥发射机天线的摆放是有讲究的。好的摆放位置可以使发射机和接收机的通信效果更佳。

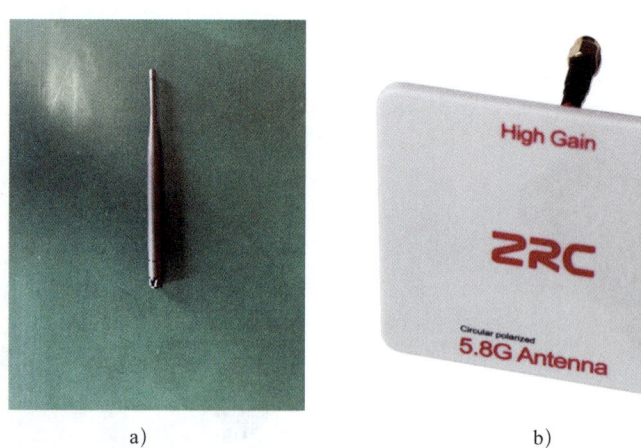

图 3-2 遥控器天线
a) 全向天线 b) 定向天线

全向天线，即在水平方向上 360° 都会均匀辐射，即无方向性。全向天线在水平方向和垂直方向上的辐射范围如图 3-3 所示。

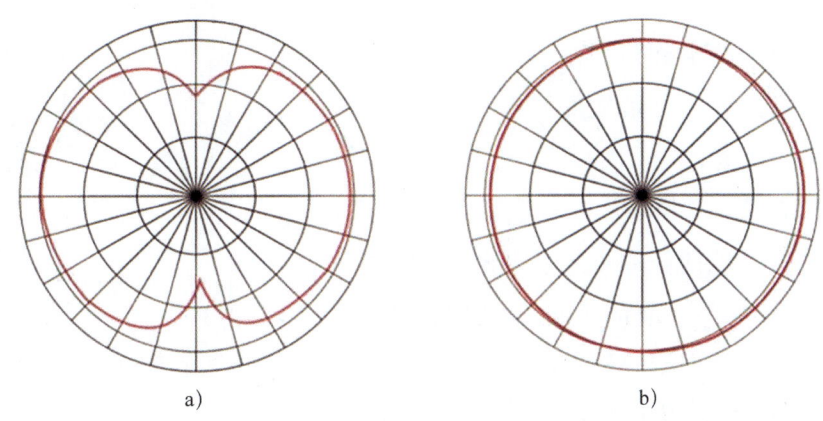

图 3-3 辐射图
a）水平方向信号辐射图　b）垂直方向信号辐射图

在空间上表现如图 3-4 所示。图 3-4 中 Z 轴方向即为天线方向，水平方向（红色区域）无线信号最强，竖直方向（深蓝色区域）无线信号最弱。

遥控器的发射机一般有一根全向天线，根据全向天线的特点，中间信号是最弱的，两边是最强的，如图 3-5 所示。

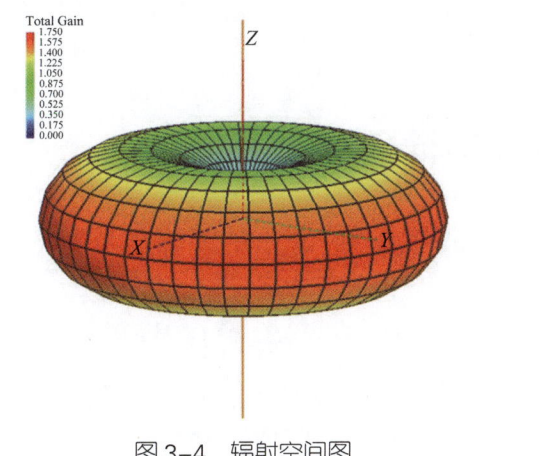

图 3-4 辐射空间图　　图 3-5 发射机天线的摆放和要求

遥控器的接收机天线为两根鞭状全向天线。接收机天线摆放时，一根与地面平行，另一根垂直于地面，两根天线成 90° 摆放时的无线信号最强，且无线覆盖范围最广。除此之外，遥控器天线的摆放要根据无人机所处的位置随时做出调整，确保无线信号的强度最佳。需要特别强调的是，在使用过程中，禁止拉伸天线，如图 3-6 所示。

二、地面站

无人机地面站也称控制站,是整个无人机系统的核心部分之一,是地面操作人员直接与无人机交互的渠道。

作为整个无人机系统非常重要的组成部分,地面站具备包括任务规划、任务回放、实时监测、数字地图、通信数据链在内的集控制、通信、数据处理于一体的综合能力,是整个无人机系统的指挥控制中心。

图3-6　禁止拉伸天线

控制站与无人机之间进行的实时信息交换需要通过通信链路系统来实现。无人机系统中的通信链路也常被称为数据链。地面控制站需要将指挥、控制以及任务指令及时地传输到无人机上,同样,无人机也需要将自身状态(如速度、高度、位置、设备状态等)以及相关任务数据发回地面控制站。

操作技能

操作技能1　飞行后遥控器检查

一、操作准备

器材准备:无人机、遥控器。

二、操作步骤

步骤1:飞行后,检查遥控器电池电量。如果电量不足,需进行充电。如图3-7所示。

步骤2:关闭遥控器。如图3-8所示。

步骤3:按照图示内容,打开电池盖。如图3-9所示。

步骤4:将电池从遥控器拿出。如图3-10所示。

步骤5:将电池盖重新装上。如图3-11所示。

步骤6:将天线归置好。如图3-12所示。

步骤7:将遥控器收纳到指定位置。

图 3-7　电量的检查

图 3-8　遥控器的关闭

图 3-9　电池盖的打开

图 3-10　电池的取出

图 3-11　电池盖的安装

图 3-12　天线的归置

操作技能2　飞行后地面站检查

一、操作准备
器材准备：无人机、地面站软件。

二、操作步骤
步骤1：断开地面软件，如图3-13所示。

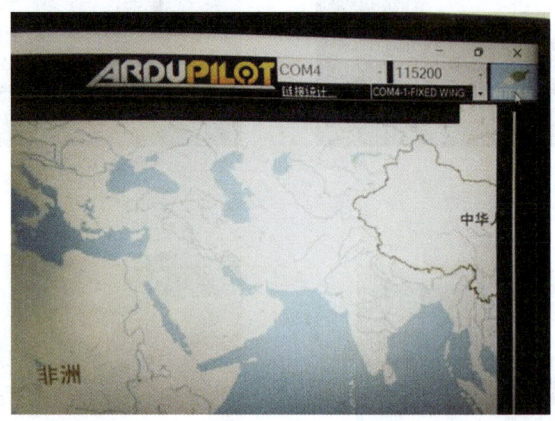

图3-13　地面站软件的断开

步骤2：确认断开连接，如图3-14所示。

步骤3：拔掉数传接口，如图3-15所示。

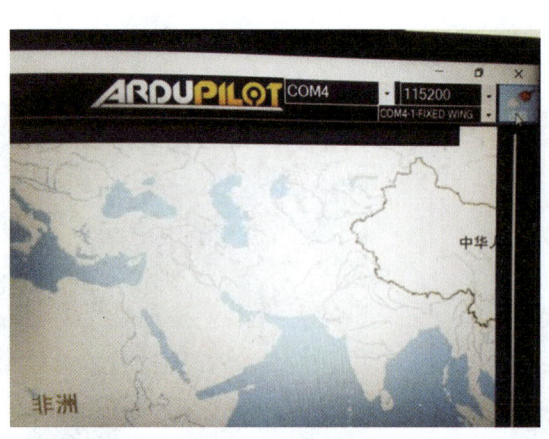

图3-14　断开完成

图3-15　数传模块的取出

步骤4：关闭地面站软件，并查看飞行记录是否保存完整。

步骤5：将数传模块放到指定的位置，并收好天线，防止天线损坏。

学习单元 2　飞行器完整性检查

当飞行任务完成后，要及时对飞行器进行相关的检查操作。多检查、勤维护可以有效降低各种装置出现故障的概率，确保下次飞行任务的安全。需要检查的主要内容包括：机身结构、线路连接、电子设备和电动或油动的动力装置等。其中，电动或油动动力装置的检查操作对确保飞行安全起到十分重要的作用。

一、日常检查项目和顺序

1. 关闭无人机

在检查和拆卸无人机之前，要确保关闭电源，并且电池、无人机、飞行控制器和任何其他的带电设备都要关闭电源。

2. 检验无人机的主要部件

整体查看无人机，检查是否有脏物、灰尘、水渍、昆虫或者任何其他类型的污垢堆积。清洁无人机，以便及时发现比较隐蔽的损坏。将无人机擦拭干净之后，要查看主题部件是否有裂缝。

3. 检查螺旋桨

如果螺旋桨发现任何缺口、断裂或者任何形式的损坏，无论大小，都需要更换螺旋桨。当无人机撞到物体时，几乎会毁坏没有保护措施的螺旋桨。

4. 检查并保管电池

顺利飞行过后，在给电池充电之前，要先把它们卸下来冷却。无人机需要高能量的锂电池，因为飞行需要消耗大量的电能。如果电池损坏，那么必须及时处理掉。如若不及时处理，损坏的电池可能会导致火灾，甚至爆炸。

5. 检查装配情况

无人机的电动机会产生剧烈振动，会导致电动机松动。而松动的装配可能导致螺旋桨、电动机以及其他附件发生摇晃、异响、滚动，导致无人机变得不稳定。因此一定要确保装配适当，确保在下一次飞行期间不会有任何部件发生松动。

6. 检查起落架

起落架可以是固定的，也可以是可伸缩的。可伸缩的起落架有许多部件，需要确保其是按要求逐步伸缩和伸展的。还必须查看起落架是否有破裂或者裂缝。硬着陆对起落架的损害与坠机无异。

7. 检查线路

飞行后检查无人机时，要查看线路，确保所有的连接都没有松动。同时需要检查所有能见到的线路是否出现裂缝、断裂、烧焦或者任何其他形式的损坏。

8. 下载保存数据信息

如果在飞行中拍摄了照片和视频，那么一定要及时把这些镜头保存到存储设备中，并从无人机的照相机中删除这些照片和视频。如果无人机使用的是可移动媒体来保存数据，那么则要确保在清除完数据之后，将存储媒体放回到无人机上。

二、电动动力装置检查

电动装置主要由电动机、电调、螺旋桨、电池组成，检查应从以下几方面进行。

1. 及时清除电动机机座外的灰尘、淤泥。如使用环境灰尘较多，最好每次飞行后清扫一次。

2. 检查电动机接线盒接线螺钉是否松动、烧伤。

3. 检查各个固定螺钉，将松动的螺母拧紧。

4. 检查电动机转动是否正常，用手转动转轴是否灵活、有无不正常的摩擦、卡阻、蹭轴和异常响声。

5. 在通电以后，发现某个电动机不转或是出现异常响声，应立即断电。

6. 观察螺旋桨桨叶是否出现裂痕、缺口。如果损伤严重，建议直接更换新的螺旋桨。

7. 要留意螺旋桨是否按顺序固定好。

8. 对电动机进行正反转检查。

9. 动力装置起动后进行其与其他系统的干扰检查。

三、油动动力装置检查

油动动力装置主要由发动机、油门舵机、螺旋桨、油箱、供油管路组成，检查应从以下几方面进行。

1. 发动机油量检查以及发动机油料管路检查。

2. 发动机外部松动检查。

3. 发动机起动后怠速转速、振动、稳定性检查。

4. 发动机大车转速、振动检查。

5. 发动机节风门、大小油针、控制缆（杆）检查。

6. 发动机节风门跟随性检查。

另外，在检查时要特别注意几个位置。例如，火花塞故障会导致发动机起动比较困难、发动机工作时有明显的顿挫感、怠速抖动、发动机加速性能下降或油耗变大，化油器故障会导致起动困难、怠速不稳、过渡不良、动力不足、漏油、油耗高等。油针的位置变化会直接导致化油器混合比的明显变化，虽然均有可能顺利起动，但在正常行驶的状态下会导致发动机出现不同的故障，比如加油熄火、缸头燃烧不充分、排气管冒黑烟等一系列的问题。因此，在进行无人机动力装置检查时，必须足够细心，不放过任何一个细节，以排除故障。

操作技能 1　外观的检查

一、操作准备

器材准备：多旋翼无人机。

二、操作步骤

步骤 1：用手轻晃机臂，观察管夹与管夹套连接处是否出现裂痕，如出现裂痕应及时更换管夹或管夹套。如图 3-16 所示。

步骤 2：轻晃天线底部，注意天线与天线底座连接处是否松动，如有应及时更换底座或天线。如图 3-17 所示。

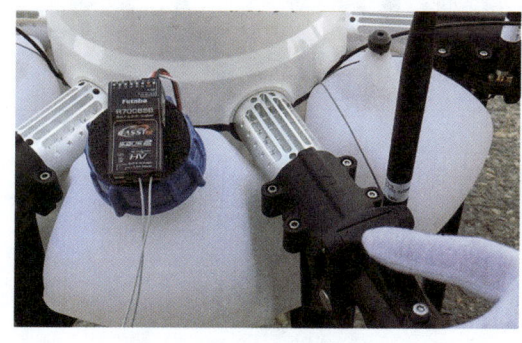

图 3-16　连接处的检查

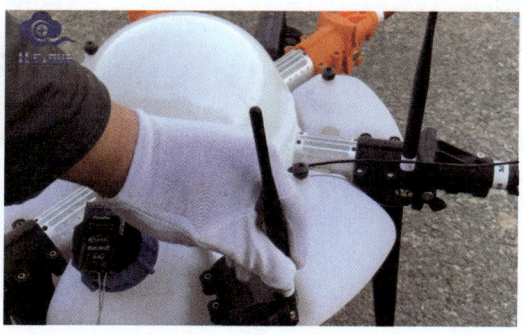

图 3-17　天线的检查

步骤3：将水平仪放置在电动机上，观察水平仪中的气泡，并根据水平仪对电动机进行调整，用手掰动两片桨叶做垂直运动，确保桨根处螺钉没有松动。如图3-18所示。

步骤4：轻晃机身上壳，观察上壳是否出现松动，如松动应上紧上壳底部连接处螺钉。如图3-19所示。

图3-18 水平的检查

图3-19 外壳的检查

步骤5：使用内六角扳手按顺时针顺序依次轻拧支臂螺钉、机臂与电动机连接处螺钉，如有松动应及时加固。如图3-20所示。

步骤6：用手轻捏脚架连接处并将脚架向外抽，如脚架轻松取出，检查脚架卡扣是否断裂或损坏，如有应及时更换脚架。如图3-21所示。

图3-20 螺钉的检查

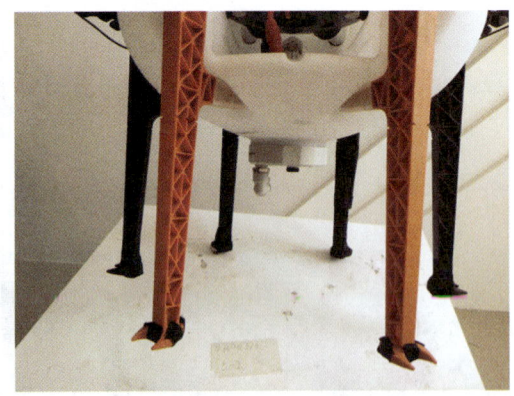
图3-21 脚架的检查

操作技能 2　多旋翼动力装置检查操作

一、操作准备

器材准备：多旋翼无人机。

二、操作步骤

步骤 1：螺旋桨检查操作，如图 3-22 所示。

（1）起飞检查螺旋桨是否按顺序固定好。

（2）检查螺旋桨桨叶是否出现裂痕、缺口，如果损伤严重，建议直接更换新的螺旋桨。

（3）在使用一段时间后，检查螺旋桨桨叶是否正常无损、是否老化。

步骤 2：电动机检查操作，如图 3-23 所示。

（1）检查电动机转动是否正常，用手转动转轴是否灵活，有无不正常摩擦、卡阻窜轴和异常响声。

（2）检查电动机接线螺钉是否松动烧伤。

（3）检查各个固定螺钉并将松动螺钉拧紧。

（4）检查无人机电动机缝隙中是否有如细沙等小颗粒物质。

（5）在通电以后发现某电动机不转或出现异常响动，应立即断电。

图 3-22　螺旋桨的检查

图 3-23　电动机的检查

步骤 3：电调检查操作，如图 3-24 所示。

（1）作业前认真检查电调，若发现问题，必须及时维修或更换电调。

（2）用万用表检查主控到电调的信号连接线，若发现断路，必须及时更换线材。

（3）检查焊点处信号线焊接情况，若发现短路，必须重新焊接。

（4）如果排除线路断路后还是报警，必须更换电调。

步骤4：电池检查操作，如图3-25所示。

（1）检查电池外观是否有鼓包，有鼓包的电池肯定不能使用了。

（2）检查电池安装后是否松动，如果安装不畅，很有可能是电池膨胀将保护壳挤变形了。

（3）用电池时可留意一下电压、电量下降速度是否过快。

（4）如果使用频繁，还应注意温度对电池的影响。

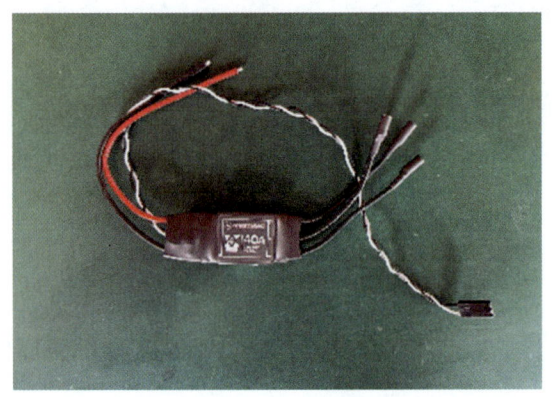

图3-24 电调的检查

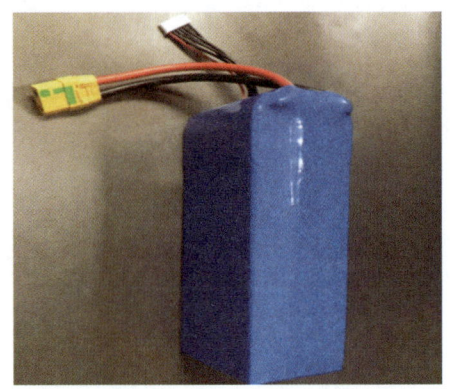

图3-25 电池的检查

操作技能3　油动无人机动力装置检查

一、操作准备

器材准备：油动无人机。

二、操作步骤

步骤1：发动机燃油系统首先要检查燃油箱是否牢固可靠，是否有老化和变形。如图3-26所示。

步骤2：每次飞行20 h或者最多不能超50 h就要检查油箱内的吸油管是否需要更换。如图3-27所示。

步骤3：检查发动机化油器进气阀门是否灵活流畅。如图3-28所示。

步骤4：检查发动机大小油针调节是否流畅有力或者松动。如图3-29所示。

步骤5：检查发动机排气管和发动机之间的螺钉是否紧固。如图3-30所示。

图 3-26 油箱外观检查

图 3-27 吸油管的检查

图 3-28 进气阀门的检查

图 3-29 油针的检查

图 3-30 螺钉的紧固

培训课程 2

无人机系统撤收

学习单元1　电池拆卸及储存

一、电池的充放电

无人机常用的充电器有并行式平衡充电器和串行式平衡充电器两种。并行式平衡充电器使被充电（或放电）的电池块内部的每节串联的电池都配备一个单独的充电回路，互不干涉，毫无牵连。每节电池都受到单独的保护，并且每节电池都按规范在充满后自动停止充电。如图3-31所示。

串行式平衡充电器的主要充电回路是在电池的输出正负极上，在电池组的各单体电池上附加一个并联均衡电路，常采用两种不同的工作原理对单体电池电压进行平衡，一类是放电式平衡，在电池组的各单体电池上附加一个并联均衡电路，以达到分流的作用；另一类是能量转移式平衡。运用分时原理，通过开关组件的控制和切换，使额外的电流流入电压相对较低的电池中以达到均衡充电的目的。如图3-32所示。

图3-31　并行式平衡充电器

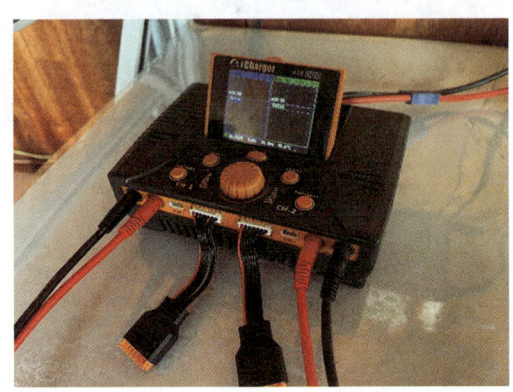

图3-32　串行式平衡充电器

二、电池的储存

1. 存储前的设备检查

在使用过程中,无人机电池因为过冲、过放、运输不当、保存不当等原因会出现各种问题,如破损、扭曲变形、电池线的损坏等,如图 3-33、图 3-34 所示,这种情况下需要停止使用电池,将电量控制在 10% 以内废弃处理。

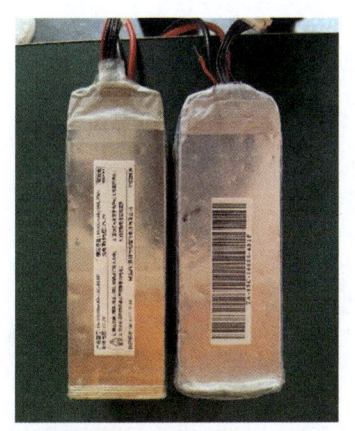

图 3-33 鼓包

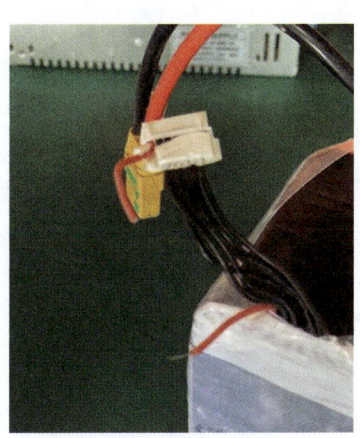

图 3-34 平衡头损坏

2. 存储的电压控制

各个类型的电池电压都有区别,下面以常用的锂电池来讲解。锂电池不能以满电的形式长时间保存。充满电的电池长期保存会使电池电量在短时间内流失过大,使电池受到很大损坏。正确的做法是接到飞行任务后再充电,电池使用后 3 天及以后没有飞行任务,请将单片电池芯的电压充电 3.80 ~ 3.90 V 保存。

3. 存储的环境

不要在高/低温环境充放电。极端温度会影响电池的性能和使用寿命,充电前应检查已使用过的电池是否已经冷却,不要在寒冷的地库、地下室、阳光直射下或热源附近充放电。

电池应放置在阴凉的环境下贮存。长期存放电池时,最好能放在密封袋中或密封的防爆箱内,建议环境温度为 10 ~ 25 ℃,环境干燥、周围无腐蚀性气体。

4. 报废电池的处理

已经判定为报废的电池需标记清楚并单独存放,严禁再进行充电或放电动作,临时存放时需放置在防爆箱或电池防爆柜中。

报废电池需要浸泡盐水。一般按照 5% 比例配比,采用宽口的塑料筐装,并放置于空旷的户外（周围无易燃易爆物品），电池浸没在盐水中 72 h 以上；电池装入塑料筐，筐内预留 5 cm 以上膨胀空间，防止电池泡水膨胀后撑破塑料筐；浸泡后的残骸用火钳取出，确认无电压或不再发热后，可当一般固体废弃物处理。

操作技能 1　电池的拆卸

一、操作准备
器材准备：多旋翼无人机。

二、操作步骤
步骤 1：断开电池接口。如图 3-35 所示。

步骤 2：拆开捆扎电池的魔术扎带。如图 3-36 所示。

图 3-35　断开电池接口　　　　　图 3-36　拆开捆扎电池的魔术扎带

步骤 3：检查电池电压，并根据电池特性和使用环境，对电池进行充放电或者储存。如图 3-37 所示。

步骤 4：将电池放到特定的电池箱内，防止意外事故的发生。

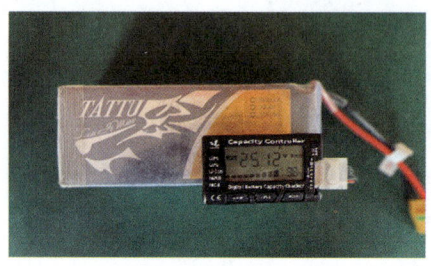

图 3-37　电压的测量

操作技能 2　电池的储存

一、操作准备

器材准备：无人机。

二、操作步骤

步骤 1：将需要放电的电池与充电器进行连接，将电源线与充电器输出端连接；将平衡线与充电器平衡头连接。如图 3-38 所示。

步骤 2：选择 Discharge（放电）模式，将终止电压调整到 3.8 V（保存电压）。如图 3-39 所示。

步骤 3：全部设置完成后，按确定键，开始放电。如图 3-40 所示。

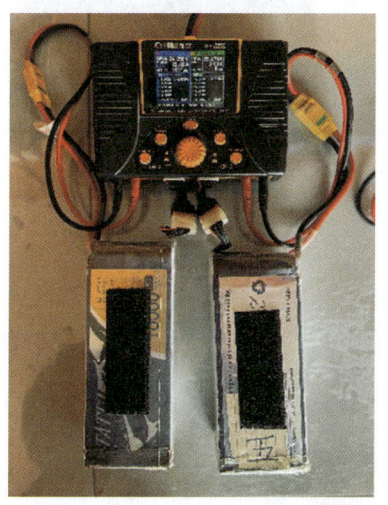

图 3-38　电池与充电器的连接

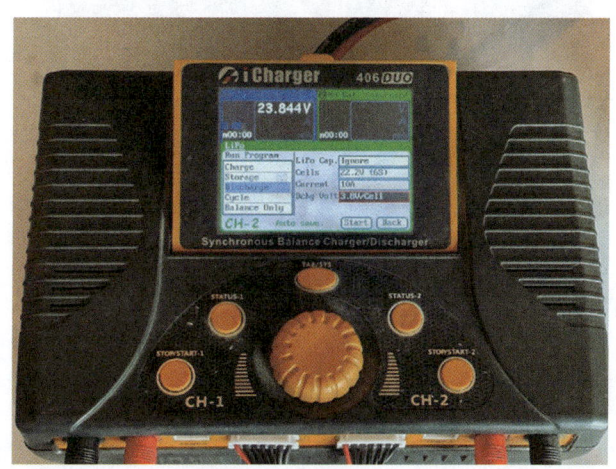

图 3-39　放电模式的选择

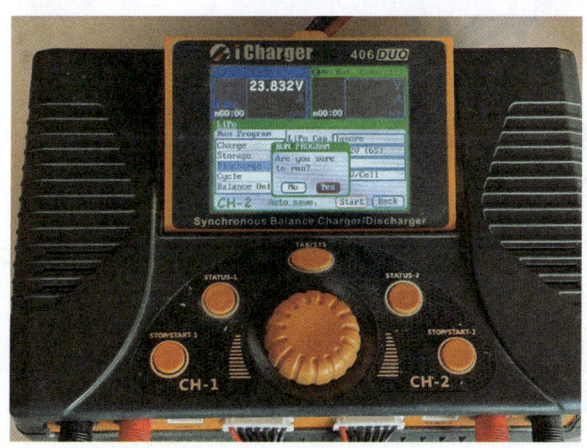

图 3-40　放电功能的设置

步骤4：放电完成后，充电器会显示绿色"DONE!"，此时，放电完成，将电池从充电器上取下。如图3-41所示。

步骤5：将放电完成的电池放入防爆箱中保存，并将防爆箱锁紧后放置在阴凉的环境中。如图3-42所示。

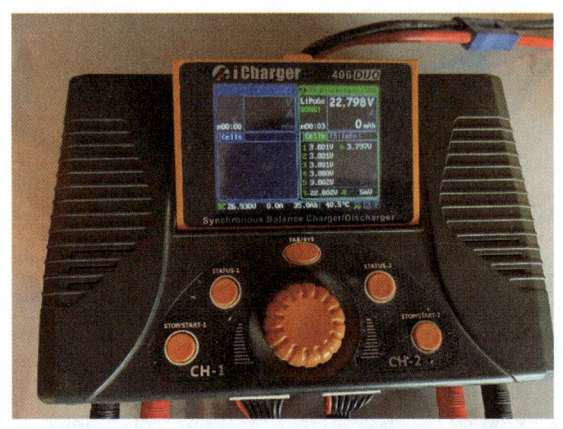
图3-41 放电完成的显示

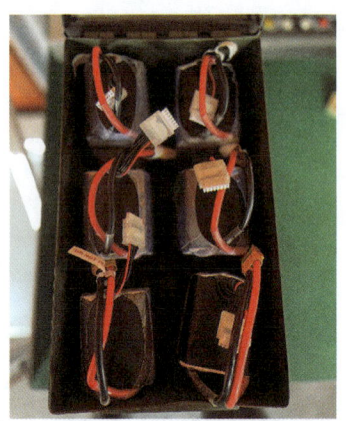
图3-42 电池的放置

学习单元2 无人机的折叠撤收与装箱运输

正确的撤收操作能够保障无人机安全回收，也是下次安全飞行的保险。每种机型回收操作都有其自身特点，为避免遗漏，应严格按照操作规范执行，有的无人机可能没有相应规范文件，需要我们自行编写，一般来说，无人机撤收操作应包含以下几个方面。

一、关闭机载电源

无人机着陆全停后，立即关闭动力装置（发动机、电动机），关闭机载设备电源，最后关闭遥控设备。这样做是为防止误操作或失控保护启动带来的安全隐患。

二、飞行后检查

根据作业任务情况，对机体部件、动力系统、数据链天线等系统做好检查。

比如检查螺旋桨是否松动，检查机体承力部件是否存在裂痕等。其目的是及时发现隐患，为下次飞行做准备，一般由驾驶员完成。

三、拆解装箱

简单外观清理，除油、除尘，按照操作手册进行拆解装箱。注意顺序，有的无人机需要拆卸外部天线和螺旋桨，防止装箱损坏。拆解装箱一般由驾驶员或保管人员完成。

操作技能1　多旋翼无人机回收与装箱

一、操作准备

器材准备：多旋翼无人机。

二、操作步骤

步骤1：无人机降落后关闭飞行器电源（避免无人机失控起飞），要等无人机电动机停止转动之后进行收纳。如图3-43所示。

步骤2：遥控器要在无人机断电之后才可断电（防止飞行器启动自保功能，自己启动飞行）。如图3-44所示。

图3-43　无人机断电

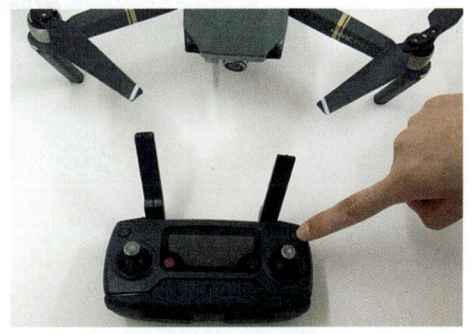

图3-44　遥控器断电

步骤3：用清洁物品擦拭电池的外部，检查电池是否有鼓包现象。如果出现鼓包现象，要将电池放到远离人的阴凉处，等电池降温。如果出现鼓包现象，不可长时间使用电池。如图3-45所示。

步骤4：完成后立即对无人机进行清洁，把毛巾用清水洗干净（保持毛巾湿润），用毛巾轻轻擦拭机身的异物。如图3-46所示。

图3-45 电池的检查

图3-46 外观的检查

步骤5：将主旋翼用桨拖拖起，如有折叠机翼，按安装顺序进行折叠后方可装箱。如图3-47所示。

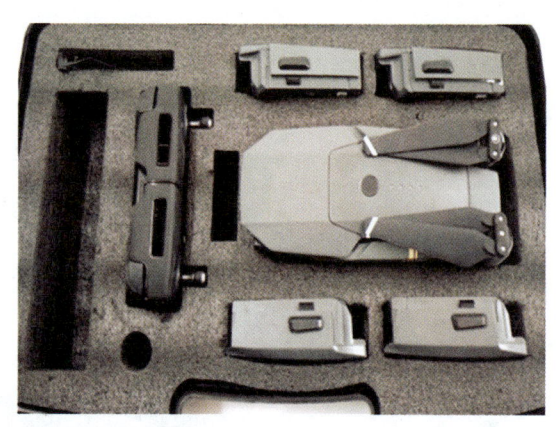

图3-47 无人机的收纳

操作技能2　固定翼无人机回收

一、操作准备

器材准备：固定翼无人机。

二、操作步骤

步骤1：拆卸螺旋桨，减少在运输中出现的损坏。如图3-48所示。

步骤2：拔出插拔固定件，拔出机翼，减小飞行器体积以在运输时减少飞行器的损坏。如图3-49所示。

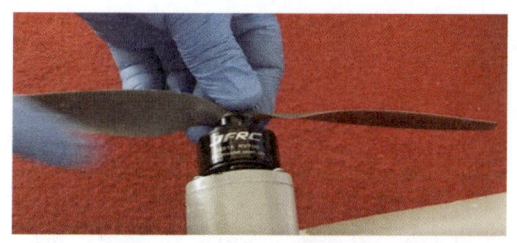
图 3-48 螺旋桨的拆卸

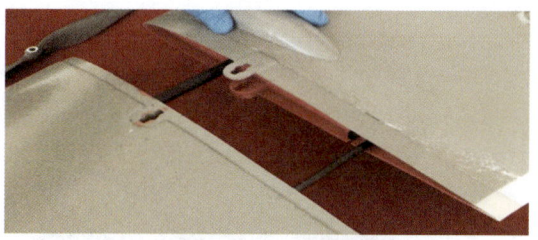
图 3-49 机翼的拆卸

步骤 3：拔出平尾插拔固定件，拆卸平尾，减小飞行器体积以在运输时减少飞行器的损坏。如图 3-50 所示。

步骤 4：在上方放入拆卸的机翼并用绑带对机翼进行固定。如图 3-51 所示。

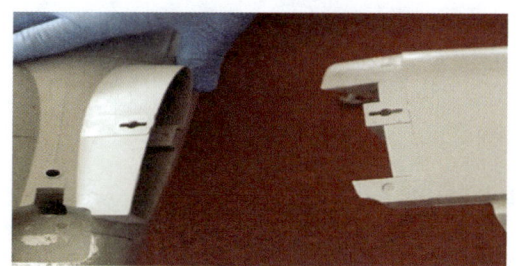
图 3-50 平尾的拆卸

图 3-51 机翼的收纳

步骤 5：在侧面位置放入拆卸下的垂尾，放入插拔固定件，零件在每次收纳时要注意是否损坏或丢失，如有缺失要及时补充，以免下次飞行时出现问题。如图 3-52 所示。

步骤 6：根据箱内槽位放入整体机身，拆除数传天线。如图 3-53 所示。

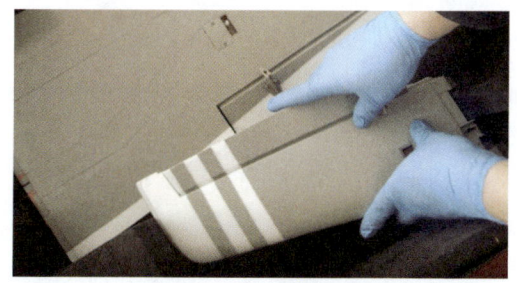
图 3-52 垂尾的收纳

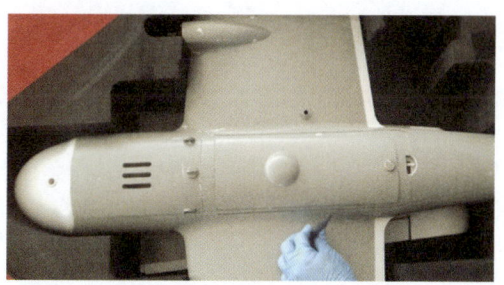
图 3-53 机身的收纳

步骤 7：在面槽位放入天线及螺旋桨，每次飞行结束后要检查螺旋桨的完整性，如有缺失要及时更换。如图 3-54 所示。

步骤8：固定好内部后，将背包拉链锁好。便携式背包适合小型固定翼的携带与保护，可背可提。如图3-55所示。

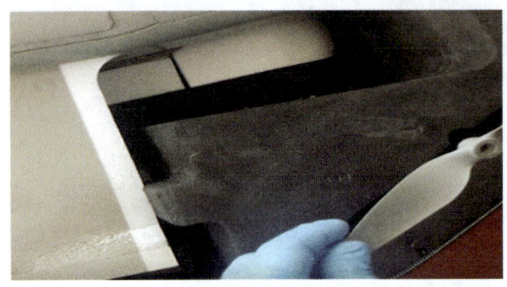

图3-54 螺旋桨的收纳

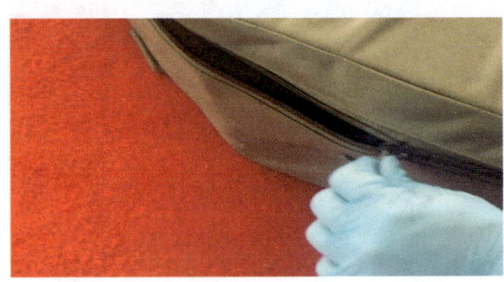

图3-55 锁好拉链